现场使用！

Python
科学计算入门

基于NumPy / SymPy / SciPy / pandas的
数值计算和数据处理方法

[日] 角明 ____ 著 陈欢 ____ 译

U0183009

中国水利水电出版社
www.waterpub.com.cn
·北京·

内 容 提 要

  Python是一种简单、易学、功能强大的编程语言，广泛应用于Web和Internet开发、人工智能开发、科学计算、软件开发、数据处理与分析、桌面开发、后端开发等。《Python科学计算入门》就针对编程零基础读者，详细介绍了Python编程基础知识及Python在科学计算中的应用方法。全书共9章，结合NumPy、SciPy、SymPy、pandas、Matplotlib等软件库，通过大量示例对科学计算中的数组运算、代数计算、数值计算、数据可视化等内容进行了详细说明，特别适合想使用计算机解决数学问题的学生、程序员、IT工程师和科研人员学习。

图书在版编目（CIP）数据

Python科学计算入门：基于NumPy/SymPy/SciPy/pandas的数值计算和数据处理方法 /（日）角明著；陈欢译. — 北京：中国水利水电出版社，2021.9（2023.6重印）

  ISBN 978-7-5170-9769-3

Ⅰ.① P… Ⅱ.①角… ②陈… Ⅲ.①软件工具—程序设计 Ⅳ.① TP311.561

  中国版本图书馆 CIP 数据核字 (2021) 第 145783 号

北京市版权局著作权合同登记号　图字：01-2021-3677

现场で使える！ Python 科学技術計算入門

(Genba de Tsukaeru! Python Kagakugijutu Keisan Nyumon: 6374-1)

©2020 kakuaki

Original Japanese edition published by SHOEISHA Co.,Ltd.

Simplified Chinese Character translation rights arranged with SHOEISHA Co.,Ltd. through Copyright Agency of China

Simplified Chinese Character translation copyright © 2021 by Beijing Zhiboshangshu Culture Media Co., Ltd.

版权所有，侵权必究。

书　　名	Python 科学计算入门 Python KEXUE JISUAN RUMEN
作　　者	［日］角明 著
译　　者	陈欢 译
出版发行	中国水利水电出版社 （北京市海淀区玉渊潭南路 1 号 D 座 100038） 网址：www.waterpub.com.cn E-mail：zhiboshangshu@163.com 电话：(010) 62572966-2205/2266/2201（营销中心）
经　　售	北京科水图书销售有限公司 电话：(010) 68545874、63202643 全国各地新华书店和相关出版物销售网点
排　　版	北京智博尚书文化传媒有限公司
印　　刷	北京富博印刷有限公司
规　　格	148mm×210mm　32 开本　9 印张　302 千字
版　　次	2021 年 9 月第 1 版　2023 年 6 月第 3 次印刷
印　　数	6001—7500 册
定　　价	89.80 元

　　Python是一种应用领域极其广泛、功能非常强大且易于学习和运用的编程语言。利用计算机对科学和工程领域中的数学问题进行计算并解决的方法被称为科学计算技术，而Python在科学计算技术领域中也得到了极为广泛的应用。例如，2019年位于M87中心的巨大的黑洞照片，一经发布就成为热门话题，也是人类首次拍摄到的黑洞真容，而这张照片的诞生从开始的数据处理到最终生成图像所使用的编程语言就是Python。

　　本书是专门为那些需要使用计算机来解决数学问题的学生、软件工程师、研究人员等读者编写的，内容包括Python编程基础知识和如何使用Python进行科学计算等技术。

　　本书针对几乎没有任何Python编程经验的读者，从Python的基础知识开始进行通俗易懂的讲解。接下来，对在数值计算中起着关键作用的NumPy、执行代数计算处理的SymPy、将计算结果绘制成图表的Matplotlib等在科学计算领域中常用的基本软件库的使用方法进行了详细讲解。通过使用这些软件库，以及提供数值计算函数的SciPy的应用示例，对线性代数和微积分等初级阶段的数值计算示例进行了讲解。此外，还对数据处理和分析中常用的pandas软件库和使用各种文件格式进行数据存取操作的基础知识进行了讲解。

　　最后，对于那些追求计算效率的读者，我们还对如何运用Cython及Numba等技术，使Python代码实现高速化处理的方法进行了简要说明。

　　如果本书能在读者的学业和实际工作中起到一定的帮助作用，为您在职业生涯大展身手尽一份力，笔者将感到无比荣幸。

角　明

Target audience　本书的主要阅读对象

Python因其简洁高效、易学易用、拥有强大的第三方库等优点，广泛应用于科学计算领域。

本书特别适用于以下读者学习：

- 用计算机解决数学问题的理工科学生、工程师、科研人员。
- 数据科学家。

Characteristic　本书的主要特点

在本书中，笔者对以下内容进行了重点讲解。

- 科学计算中必备的Python知识。
- 数值计算、代数计算和数据可视化及NumPy、SciPy、SymPy、Matplotlib软件库的使用方法。
- 用于数据处理的pandas的使用方法。
- 使用各种文件格式存取数据的方法。
- 基于Cython和Numba的Python代码的高速化。

About the sample　关于本书示例程序及其样本的执行环境

本书是基于Windows 10（64位）的环境进行讲解的。Python 和软件库的安装需要使用Anaconda Individual Edition（Anaconda3-2020.02-Windows-x86_64）。本书中的示例代码已经在表1.1所示的环境中经过测试，可以顺利执行。

表1 样本的执行环境

名　称	版　本	名　称	版　本
Python	3.7.6	pandas	1.0.1
Jupyter Notebook	6.0.3	seaborn	0.10.0
NumPy	1.18.1	OpenPyXL	3.0.3
SymPy	1.5.1	Cython	0.29.15
SciPy	1.4.1	line_profiler	2.1.2
Matplotlib	3.1.3	Numba	0.48.0

● 关于本书的配套资源

本书配套的资源（本书中所记载的示例代码等）可以按下面的方法下载后使用。

（1）扫描右侧的二维码，或在微信公众号中直接搜索"人人都是程序猿"，关注后输入pykxjs并发送到公众号后台，即可获取资源的下载链接。

（2）将链接复制到电脑浏览器的地址栏中，按Enter键即可下载资源。注意，在手机中不能下载，只能通过电脑浏览器下载。

（3）读者也可加入QQ群：132333129，与其他读者交流学习。

● 注意事项

本书配套资源仅供读者学习使用，相关权利归作者和株式会社翔泳社所有。未经许可不得擅自分发，不可转载到其他网站上。

配套资源可能在无提前通知的情况下停止发布。感谢您的理解。

● 免责声明

本书及配套资源中的URL等信息是基于截至2018年9月相关的法律。

本书及配套资源中所记载的URL，可能在未提前通知的情况下发生变更。另外，网页中涉及的内容仅供读者参考学习使用，不涉及其他。

本书及配套资源中提供的信息，虽然在本书出版时力争做到描述准确，但无论是作者本人还是出版商都对本书的内容不做任何保证，也不对读者基于本书示例或内容所进行的任何操作承担任何责任。

本书及配套资源中所记载的示例程序、脚本代码、执行结果，以及屏幕图像都是基于经过特定设置的环境中所重现的参考示例。

本书及配套资源中所记载的公司名称、产品名称都是来自各个公司所有的商标和注册商标。

● 关于著作权

本书及配套资源的著作权归作者和株式会社翔泳社所有。禁止用于除个人使用以外的任何用途。未经许可，不得通过网络分发、上传。对于个人使用者，允许自由地修改或使用源代码。与商业用途相关的应用，请告知株式会社翔泳社。

株式会社翔泳社　编辑部

目 录

第 4 章　基于 SymPy 的代数计算　　　　087

第 5 章　基于 Matplotlib 的数据可视化　　　　115

第 9 章　程序的高速化   255

CHAPTER

1 开发环境的准备

在本章中，我们将对本书中所使用的 Python 开发环境的安装及简单的使用方法进行讲解。

1.1 Python的安装

> 在本节中，我们将对 Python 开发环境的安装方法进行讲解。

● 1.1.1　Anaconda Individual Edition 的安装

　　Python 有很多种不同的安装方法。如果需要将 Python 应用于科学计算技术领域，使用 Anaconda 公司提供的 Anaconda 可以很简单地构建安装环境。Anaconda 不仅可以安装Python本身，还可以将主要的用于科学计算技术的软件包一起进行安装。

　　首先，需要将 Anaconda Individual Edition（免费版的 Anaconda）从 Anaconda官方网站中下载。

　　选择图 1.1 中的 Python 3.7 version。本书中使用的是Anaconda3-2020.02-Windows-x86_64.exe创建并执行和验证示例代码的。

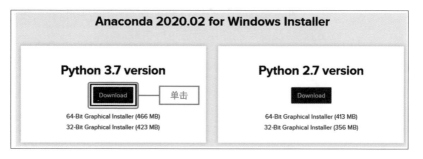

图 1.1　Anaconda Distribution 的下载画面

　　双击下载完毕后的文件，会显示如图 1.2所示的画面。单击Next按钮进入下一步。

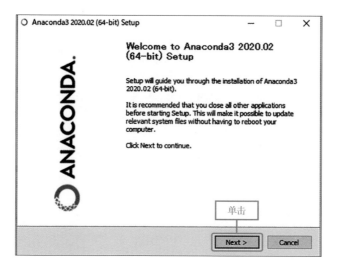

单击

图 1.2　开始安装

图 1.3 显示了 Anaconda Distribution 的使用协议条款。请在阅读条款内容之后单击 I Agree 按钮。

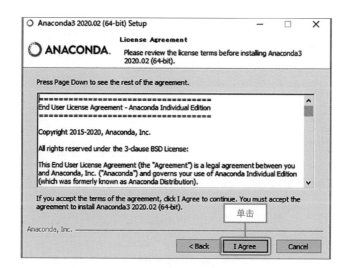

单击

图 1.3　同意软件许可协议

图 1.4 显示的是安装的类型，这里需要选择用户范围。如果 Anaconda 只是在自己的桌面环境中使用，直接单击 Next 按钮即可。

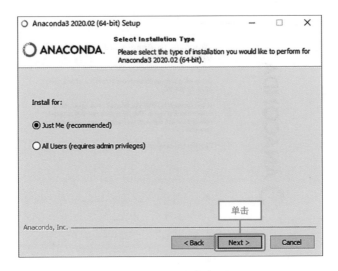

图 1.4　选择安装类型

接着需要指定安装路径，请单击Next按钮（见图1.5）。

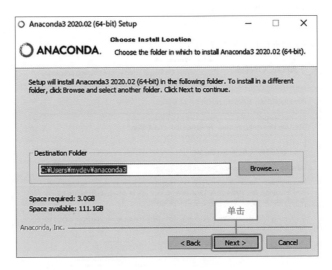

图 1.5　指定安装路径

如图1.6所示，直接单击默认的Install按钮。然后开始进行安装，请等待程序安装完成。

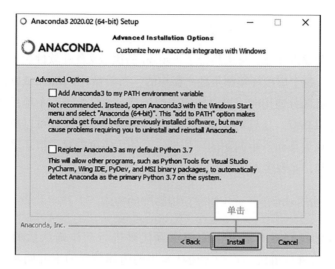

图 1.6　安装选项

　　Anaconda 安装完成之后，单击Next按钮进入下一步。根据
Anaconda 的不同版本，这里可能会显示JetBrains 公司的PyCharm 的介
绍画面，由于本书中并不会使用这一软件，因此单击Next按钮即可。
最后，在图 1.7所示的画面中单击Finish按钮关闭窗口。

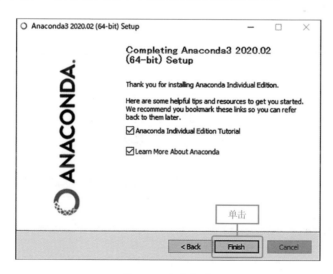

图 1.7　安装完成

1.1.2 创建虚拟环境

所谓虚拟环境，是指集合了 Python 的执行文件和软件包等数据的文件夹。每个虚拟环境都是独立存在的，当需要对 Python 或软件包的版本进行区分使用时，可以使用虚拟环境。如果给每一个项目创建单独的虚拟环境，且只对需要用到的软件包进行安装，就可以减少因软件包依赖关系而产生问题的可能性。此外，还可以对虚拟环境进行简单的复制，实现多人共享虚拟环境。

● 使用 environment.yml 创建虚拟环境的方法

这里我们将对本书中使用示例代码进行动作确认后的环境的安装方法进行讲解。首先，请从本书的附属数据的下载网站中下载 environment.yml。

在 Windows"开始"菜单的 Anaconda 3 中选择并启动 Anaconda Navigator，会显示如图 1.8 所示的画面。首次启动时，会显示"Thanks for Installing Anaconda!"的开始画面，请单击"Ok, and don't show again"按钮关闭显示画面。单击图 1.8 中的 Environments 按钮进入虚拟环境的管理界面。

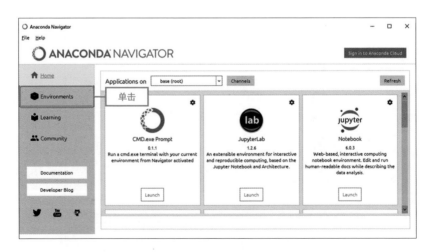

图 1.8　Anaconda Navigator

Anaconda Navigator

　　Anaconda Navigator是一款用于启动在Anaconda上安装的应用程序和对执行环境进行管理的应用程序。

　　图1.9显示的是可供使用的虚拟环境一览表，以及指定环境中已经下载的软件包一览表。在这里单击Import按钮。

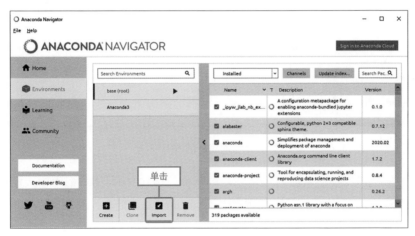

图 1.9　虚拟环境的导入

　　之后会显示如图1.10所示的画面，单击Specification File 的文件夹图标①，选择已经下载好的 environment.yml②，并在 Name 文本框中输入虚拟环境的名称③。然后单击Import按钮④，创建虚拟环境。

图 1.10　Import new environment 画面

● 创建新的虚拟环境并单独导入软件包的方法

如果需要创建新的虚拟环境，请单击图1.11中的Create按钮。

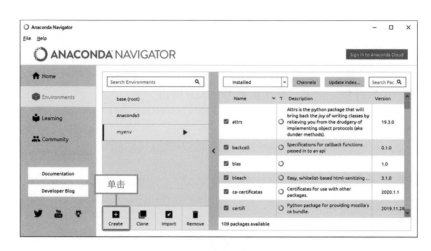

图 1.11　创建新的虚拟环境

然后，会显示如图1.12所示的画面，请在Name文本框中输入虚拟环境的名称①、在Packages中勾选Python复选框②，并选择Python的版本③（本书中选择的环境是Python 3.7）。单击Create按钮④即可完成虚拟环境的创建。

图 1.12　Create new environment 画面

　　在完成了虚拟环境的创建之后，需要选择必要的软件包进行安装。选择图1.13中的All按钮①，在 Search Packages 文本框输入软件包名称②，并进行检索。选择需要安装的软件包（见图1.14①），右键选择软件包的版本②、③。本书中需要使用到的软件包见表1.1。单击Apply按钮④后，软件包就会下载到环境中。

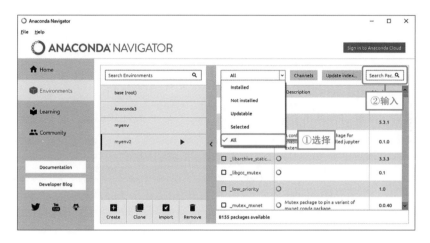

图 1.13　软件包的安装 1

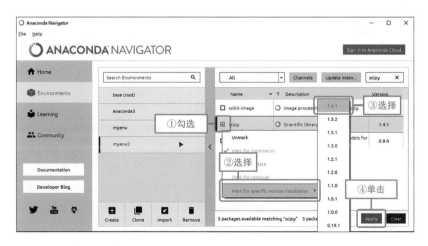

图 1.14　软件包的安装 2

表 1.1　软件包名与版本号

软 件 包 名	版 本 号
notebook	6.0.3
numpy	1.18.1
sympy	1.5.1
scipy	1.4.1
matplotlib	3.1.3
pandas	1.0.1
seaborn	0.10.0
openpyxl	3.0.3
cython	0.29.15
line_profiler	2.1.2
numba	0.48.0

开发环境的准备

1.2 Jupyter Notebook

在本节中，我们将对 Jupyter Notebook 的启动方法及操作方法进行简单的讲解。

1.2.1 何谓 Jupyter Notebook

　　Jupyter Notebook 是在浏览器上运行的一种应用程序。使用这个软件可以打开一个名为 Notebook 格式的文件，以对话的形式执行 Python 等语言编写的软件。Jupyter Notebook 中运行着名为 IPython 的 Python 执行环境，因此也可以使用IPython中独有的命令和功能。

　　在Notebook中，我们不仅可以执行程序，还可以在其中编写用于说明的文本及公式，甚至支持图像和动画的插入。由于可以将程序与程序的讲解以及工作内容的笔记等进行汇总管理，因此，当需要创建发表用的资料或者在团队成员间共享资料时，使用这种 Notebook 是非常方便的。

　　此外，作为 Jupyter Notebook 的继任者，有一个名为 JupyterLab 的应用程序也正在开发中。JupyterLab 和 Jupyter Notebook 一样，也可以对 Notebook 进行处理，因此使用其中哪一个版本都可以。在本书中，我们将对功能简单的Jupyter Notebook 的操作方法进行讲解。

读书笔记

_____

_____

_____

_____

_____

_____

_____

🎁 1.2.2 Jupyter Notebook 的启动

我们可以在 Anaconda Navigator 的主界面上切换需要使用的虚拟环境。如图 1.15 所示，选择在 1.1 节中已经创建好的虚拟环境①。然后单击 Jupyter Notebook 的 Launch 按钮②，启动 Jupyter Notebook，弹出默认的 Web 浏览器画面。

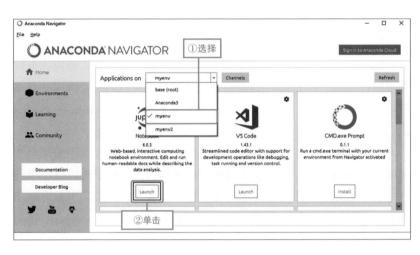

图 1.15 Anaconda Navigator

然后，在浏览器中会显示如图 1.16 所示的列表页面，可以在这个页面中对文件夹及文件进行操作。

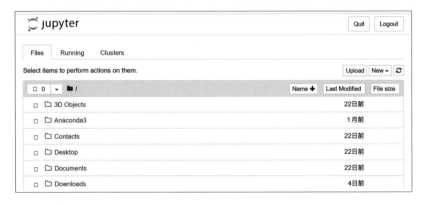

图 1.16 Jupyter Notebook 的控制面板页面

进入需要进行操作的文件夹页面后，单击右边的 New 按钮（见图 1.17①）并选择 Python 3 按钮②。这样就创建了新的 Jupyter Notebook 的文件，并且会在新的标签页中打开。文件的扩展名为 .ipynb。

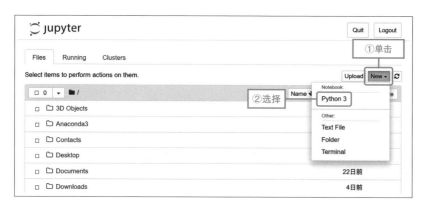

图 1.17　创建新的 Notebook

1.2.3　单元的操作

如图 1.18 所示，可以输入字符的框称为单元。Jupyter Notebook 是在单元中输入 Python 的代码并执行操作。

图 1.18　用于输入代码的单元格

在单元中输入 print（'Hello, Python!'），并尝试同时按下 Shift+Enter 组合键，执行结果就显示在单元的下方（见图 1.19），并且还自动添加了新的单元。这里使用 print 函数的作用是对指定的字符进行输出操作。

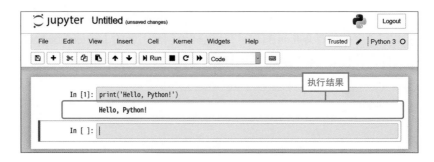

图 1.19　print 函数的示例

　　在新添加的单元中编写代码，并不断重复执行这些代码。就像使用计算器一样输入 1 + 1 等代码并执行，计算的结果就会自动显示出来（见图 1.20 ）。

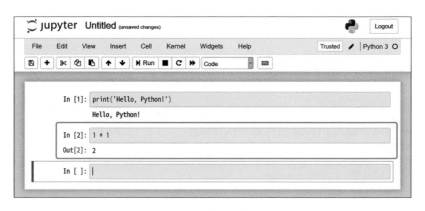

图 1.20　数值计算的示例

　　一个单元中可以输入任意多行代码，可以同时输入多行代码（见图 1.21 ）。

　　我们还可以通过在单元中输入注释来对代码进行补充说明或记录。在 Python 中，从"#"开始到行的末尾都被视为注释内容（见图 1.22 ）。注释在 Python 程序执行时会被忽略掉。

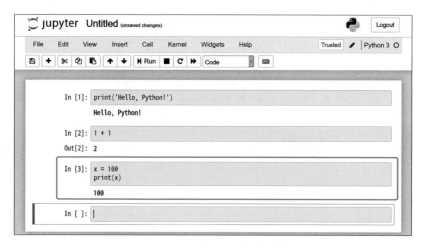

图 1.21　输入多行代码

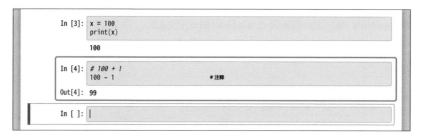

图 1.22　注释的示例

　　单元有多个种类，我们可以对单元的种类进行选择（见图 1.23）。在输入 Python 代码时可以选择 Code 列表项，在输入普通的文本时可以选择 Markdown 列表项。

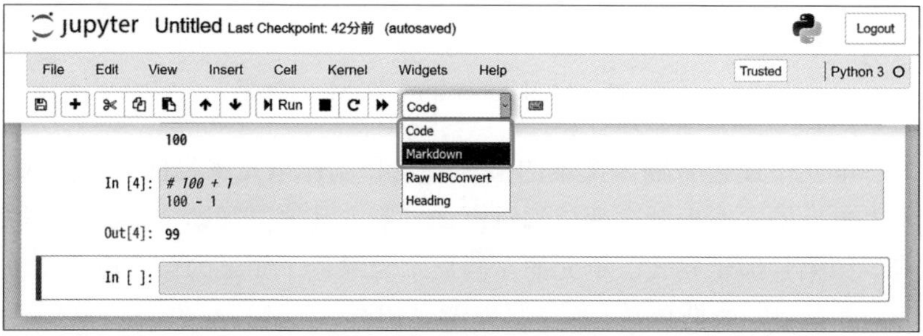

图 1.23　选择单元格的种类

Markdown 单元使用 Markdown 语言的语法输入文本，可以自动对文本进行格式化，还可以按如图 1.24 所示输入并执行。

图 1.24　Markdown 单元格的示例

执行后即可看到格式化后的显示结果（见图 1.25）。除此之外，Markdown 单元还可以输入 LaTeX 格式的公式，以及输入包含 HTML 元素的代码。

图 1.25　Markdown 单元格的执行结果

单元中还包含输入文本的编辑模式和操作单元本身的命令模式。单击单元的文本框就会变成编辑模式，单击其他位置则会变成命令模式。如果是编辑模式，单元的左侧显示为绿色；如果为命令模式，单元的左侧显示为蓝色。

单元的操作可以通过上方的菜单栏和工具栏执行。此外，命令模式可以使用键盘快捷键对单元进行操作。例如，按下H键即可看到键盘快捷键。另外，按下P键则可以打开命令面板（见图1.26），用户可以从命令面板中搜索需要执行的命令并对其进行执行操作。

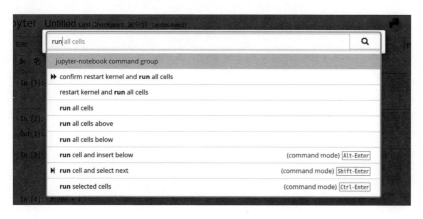

图 1.26　Jupyter Notebook 的命令面板

Python 编程基础

在本章中，我们将对 Python 在科学技术计算领域中应用时，需要使用到的最基本的语法及功能进行讲解。

2.1 对象和变量

> 本节我们将在开始学习 Python 的阶段，对首先需要了解的基本事项进行讲解。

🔷 2.1.1 对象的概要

所谓对象，是指对数据及与其相关的处理进行集中管理的实体。Python 中进行处理的数据全部都是以对象的形式封装的。

而所属对象的值或方法则被称为属性。当我们要引用属性时，需要使用对象.属性名形式的语句。例如，清单 2.1 中显示的是，对表示 python 这一字符串对象所包含的 upper 属性进行引用的命令。

| 清单 2.1 | 引用对象的属性 |

In

```
'python'.upper
```

Out

```
<function str.upper()>
```

这里将对可调用对象进行讲解。所谓的可调用对象，是指对应用（）运算符时所执行的处理，进行定义的对象。如函数和方法等就属于可调用的对象。

而前面所讲解的字符串对象的 upper 属性则属于方法。如果像清单 2.2 中显示的添加（）并调用，就会执行处理并返回将文字转换成大写字符的字符串对象。

| 清单 2.2 | 调用 upper 方法 |

In

```
'python'.upper()
```

Out
```
'PYTHON'
```

对象具有什么样的属性是由类型决定的。而所有的对象都拥有属于自己的类型。

当需要调用对象的类型时，可以使用 type 函数。例如，所谓 int 类型的对象就是表示整数的对象（见清单 2.3）。这种类型的对象被称为类，Python 中提供了很多包括 int 在内的内置对象类型。而对象则是根据类中所定义内容，来确定自身所拥有的属性或方法的。

清单 2.3　type 函数的示例

In
```
type(1)
```

Out
```
int
```

最后，我们将对标识符、identity 等重要的概念进行讲解。所谓标识符，是指在生成对象时，为对象分配的固定的整数值。只要对象没有被删除，标识符在程序的执行过程中是不会产生变化的。此外，基本上每次在执行程序时所使用的标识符都是不同的。

获取对象的标识符时，需要使用 id 函数（见清单 2.4）。

清单 2.4　id 函数的示例

In
```
id(1)
```

Out
```
140706126995856
```

2.1.2　变量

所谓变量，是指在引用对象时需要使用的类似名牌一样的东西。

为对象绑定一个名称，使对象可以通过这个名称进行引用的操作被称为代入。此外，我们还可以给一个对象绑定多个名称。

代入对象时，需要使用带有 = 的赋值语句。如果执行清单 2.5 中的赋值语句，就可以使用变量 a 引用值为 1 的整数对象。

清单 2.5 　　赋值语句的示例①

In

```
a = 1
a
```

Out

```
1
```

我们可以执行清单 2.6 中的代码，对多个变量同时进行代入操作。

清单 2.6 　　赋值语句的示例②

In

```
b = a = 2

print(a)
print(b)
```

Out

```
2
2
```

作为代入的反向操作，当对指定名称的绑定进行解除时，可以使用 del 语句。执行清单 2.7 中的代码，变量 a 即可得以解除绑定。

清单 2.7 del 语句的示例

In

```
del a
```

🔷 2.1.3 有关命名的规则与注意事项

在 Python 中，变量名称中允许使用下列字符，即可以使用这些字符的组合来命名。如清单 2.8 中所示，我们可以为对象起类似 x1 这样的名称，但是需要注意的是，类似 1x 这样以数字开头的名称是禁止使用的。

- 小写英文字母（a ~ z）
- 大写英文字母（A ~ Z）
- 数字（从变量名的第二个字符开始，从 0 到 9）
- 下划线（_）

清单 2.8　　命名规则

In

```
x1 = 1
x1
```

Out

```
1
```

虽然下面这些字符也可以作为名称使用，但是建议仅限于在个人使用的程序中，或者在团队内部成员可以接受时使用。

- 小写希腊字母（α ~ ζ）
- 大写希腊字母（Α ~ Ζ）
- 数字符号（Ⅷ等）
- 平假名、片假名、汉字等

此外，即使是有效的名称，其中也有一些是无法使用的。像关键字及保留字等作为 Python 中控制程序的名称，是不能作为变量名使用的。关键字一览表可以在清单 2.9 中进行确认。

In

```
import keyword

print(keyword.kwlist)
```

Out

```
['False', 'None', 'True', 'and', 'as', 'assert', 'async',
 'await', 'break', 'class', 'continue', 'def', 'del',
'elif', 'else', 'except', 'finally', 'for', 'from',
'global', 'if', 'import', 'in', 'is', 'lambda',
'nonlocal', 'not', 'or', 'pass', 'raise', 'return',
'try', 'while', 'with', 'yield']
```

　　除了关键字之外，还有很多内置使用的名称，如果随意使用这些名称，会导致程序出现 bug，因此应当避免使用。例如，print 这个名称已经被 print 函数所使用，那么我们就应当避免使用这一名称。在 Jupyter Notebook 中，对于包含关键字在内的内部使用的名称，一般是使用不同颜色对其进行区分显示的。因此，对这些内部使用的名称我们并不需要刻意地记住。此外，有关内部使用名称的一览，可以通过执行 dir(__builtin__) 进行确认。

🔷 2.1.4　软件库

　　软件库是将特定的程序以可再利用的形式汇集而成的。软件库可以分为两大类。一类是标准库，即预先附带在 Python 中的库。标准库的功能非常丰富，即使是在默认状态下，Python 也足以满足各种不同场景的应用。另一类是第三方库，它们不是标准配置的软件库，而是由个人或者企业等第三方创建的软件库。如 Anaconda 就可以将各种第三方软件库与 Python 一起进行安装。

　　软件库中所提供的模块，需要使用 import 语句来调用。标准库包含用于数学函数的 math 模块，接下来我们尝试将其导入。执行清单 2.10 中的 import 语句，模块对象就会以 math 的名称被导入。而 math 模块中所包含的函数可以作为模块的属性来引用。这里使用的 sqrt 函数是用于返回所指定数值的平方根的函数。

清单 2.10　　模块的导入

In

```
import math

math.sqrt(2)
```

Out

```
1.4142135623730951
```

对于所导入的对象，可以使用 as 关键字为其指定一个独有的名称。如果执行清单 2.11 中的代码，标准库中的 random 模块的对象就会以 r 的名称被导入。

清单 2.11　　as 关键字的使用示例

In

```
import random as r

r.randint(0, 10)
```

Out

```
7
```

如果我们只需要使用模块中某个特定的对象，可以使用 from 语句进行选择并将其导入。如清单 2.12 所示，导入后的对象可以直接使用。

清单 2.12　　from 语句的使用示例

In

```
from math import pi, cos

cos(pi)
```

Out

```
-1.0
```

2.2 数值

在本节中，我们将对内部数据类型中最基本数值类型的相关知识进行讲解。

2.2.1 整数

整数对象可以使用整数字面常量简单地进行创建。字面常量是指专门为特定的内部类型提供的，可以将对象直接表示的格式。整数对象可以用十进制的整数表示（见清单 2.13）。

清单 2.13　整数字面常量的示例①

In
```
3
```

Out
```
3
```

可以看到清单 2.14 中的整数对象就是 int 类型的对象。

清单 2.14　整数对象的类型

In
```
type(3)
```

Out
```
int
```

数值的字面常量可以使用 "_" 对位数进行分段，使位数较大的数值显示得更易于阅读。如清单 2.15 中创建的是值为 1000 的整数对象。此外，Python 中可处理的整数的最大位数，在 64 位操作系统中是 $2^{63}-1=9223372036854775807$ 位数。

清单 2.15   整数字面常量示例②

In
```
1_000
```

Out
```
1000
```

🔹 2.2.2 浮点数

浮点数对象是 float 类型的对象。浮点数中包含多种格式，Python 中的 float 是属于 IEEE 754 标准中所规定的名为双精度的格式。定义浮点数对象就如写小数一样，在一排数字中用包含一个 . 来表示（见清单 2.16）。

清单 2.16   浮点数对象的类型

In
```
type(3.2)
```

Out
```
float
```

另外，当整数或小数部分为 0 时，这个 0 可以省略（见清单 2.17）。

清单 2.17   浮点数字面常量示例

In
```
.1
```

Out
```
0.1
```

此外，浮点数字面常量还可以表示为指数形式。这种格式中数字表示为 $a \times 10^b$。其中，a 为尾数；b 为指数。使用这种格式在明确表示有效位数时是非常方便的。

这种格式的语法是在尾数和指数之间插入一个小写的 e 或大写的 E。如 1×10^3 可以用 1e3 表示（见清单 2.18）。另外，指数还可以指定为负数，如 1×10^{-3} 可以用 1e-3 表示。

清单 2.18　　指数形式浮点数字面常量的示例

In

```
1e3
```

Out

```
1000.0
```

虽然浮点数具有可以处理非常大范围的数的优点，但是由于实数是由有限位数的二进制来表示的，因此有时可能会产生误差。例如，将十进制的有限位数 0.1 用二进制表示，它就会成为循环小数（无限小数），如果对它在特定的位数上进行四舍五入，则会产生误差。而且，随着计算的进一步深入，这一舍入误差也会一起被传递，因此，在处理时需要注意计算结果的有效数字。

IPython 中包含一种名为魔法命令的扩展命令。魔法命令会在命令的开头处附带 1 个或 2 个 %。1 个 % 为前缀表示作用范围限制在一行内的命令；2 个 % 为前缀表示作用范围在整个单元格（多行）范围内起作用的命令，它们分别被称为行魔法和单元魔法。

我们可以使用 IPython 的 %precision 命令来设置浮点数的显示位数。如果使用默认设置，浮点数会显示到小数点后最大 15 位。而为了确认舍入误差，清单 2.19 中使用了 %precision 命令，将浮点数 0.1 显示为小数点后 25 位。这样，我们就可以确认到 0.1 中是包含了舍入误差的。如果不进行任何指定，执行 %precision 命令，就会返回默认的显示位数（见清单 2.20）。

清单 2.19　　%precision 命令的示例①

In

```
%precision 25
0.1
```

Out

```
0.10000000000000000055511151
```

清单 2.20　%precision 命令的示例②

In

```
%precision
```

Out

```
'%r'
```

> **MEMO**
>
> decimal模块
>
> 　　使用标准库中的decimal模块（https://docs.python.org/ja/3/library/decimal.html），就能对十进制浮点数进行计算。虽然计算的速度会比 float 型的二进制浮点数要慢一些，但是它具有不会产生舍入误差的优点。

2.2.3　复数

　　Python 中对复数类型提供了内置的支持（complex）。复数是用公式 $z = x + iy$ 表示的数。这里的 $i = \sqrt{-1}$ 为虚数单位；x 为实部；y 为虚部。

　　在 Python 中，我们通常将 j 和 J 作为虚数单位，在整数或浮点数的字面常量后面输入虚数单位。清单 2.21 中创建的是 1.2 为实部，3 为虚部的复数。

清单 2.21　复数字面常量

In

```
1.2 + 3j
```

Out

```
(1.2+3j)
```

　　复数中的实部可以使用real 属性进行访问，虚部可以使用imag 属性进行访问。此外，如果想要获得共轭复数，可以使用conjugate方法（见清单2.22）。

清单 2.22　conjugate方法的示例

In
```
x = 5.1 + 8.3j
x.conjugate()
```

Out
```
(5.1-8.3j)
```

2.2.4　算术运算符

　　在对算术运算符进行讲解之前，先对每个Python的语法和表达式进行简单的说明。作为程序的构成单位，其中的命令或声明就称为语句。此外，将作为处理结果进行返回的语句称为表达式。当一行代码中包含多个表达式时，基本上是从左边的表达式开始按顺序进行计算。但是赋值语句是比较特殊的，它是先对右边的表达式进行计算。

　　我们在进行数值运算时需要使用算术运算符。运算符是用于表示各种运算的符号，而用于表示算术运算的符号就是算术运算符。运算符的运算对象被称为运算符对象。运算符有计算的优先级，见表2.1，在表2.1中，位于上方的运算符的优先级比较高，因此在程序执行时会优先进行计算。

表2.1　算术运算符

运 算 符	含　义
**	幂运算（求幂）
+	正负号非反转（一元运算符）
–	正负号反转（一元运算符）
%	求余
//	取整

（续表）

运 算 符	含　义
/	除法
*	乘法
−	减法
+	加法

　　如果运算符对象的数值是不同类型，程序会自动将数值转换成同样的类型再对其进行运算。如果是对整数与浮点数进行计算，程序会将整数转换成浮点数之后再进行计算（见清单2.23）。此外，在除法运算中，也会将整数转换成浮点数。

清单 2.23　　算术运算符的示例①

In
```
3 + 1.2
```

Out
```
4.2
```

　　我们还可以将算术运算符组合起来对很长的公式进行计算（见清单2.24）。这与数学中的计算是一样的，首先会对( )内的表达式进行计算。

清单 2.24　　算术运算符示例②

In
```
(-2 + 4 * (-5)) / 2
```

Out
```
-11.0
```

　　赋值语句是从右边开始进行计算的，其计算的结果会被代入到指定的变量中。如清单2.25中会先计算右边的2 + 1，计算得到的结果3再被代入到变量x中。

清单 2.25　代入公式的评估结果的示例①

In

```
x = 2 + 1
x
```

Out

```
3
```

　　即使是在右边已经引用的变量也可以将其指定为代入的目标变量。如清单 2.26 中的表达式，虽然在数学意义上是不成立的，但是由于在 Python 中是将"="作为代入的意思来使用，因此这里就是将 a + 1 的值代入到 a 的命令。

清单 2.26　代入公式的评估结果的示例②

In

```
a = 2
a = a + 1
a
```

Out

```
3
```

　　此外，还有一种累计赋值语句，即可以将算术运算符与赋值语句合并在一起。对于清单 2.26 中将 a + 1 的值代入到 a 的语句可以使用"+="来实现（见清单 2.27）。当然，Python 也为其他所有的算术运算符提供了相应的累计赋值语句的支持。

清单 2.27　累计赋值语句示例

In

```
a = 2
a += 1
a
```

Out

```
3
```

2.3　容器

本节中，我们将对名为容器（collection）、用于对象集中管理的数据结构进行讲解。

🔷 2.3.1　字符串

对元素（对象）进行排序管理的容器称为序列。例如，在前面的章节中已经出现过的字符串对象就属于字符元素的序列。

字符串正如清单 2.28 中所示，是使用""（双引号）或者''（单引号）将字符串括起来进行定义的。此外，字符串对象是属于 str 类型的对象。

清单 2.28　字符串序列的示例

In
```
text = 'Python'
type(text)
```

Out
```
str
```

当我们需要知道容器中包含多少个元素时，可以调用 len 函数进行确认。如清单 2.29 所示 'Python' 就包含 6 个字符。

清单 2.29　len 函数的示例

In
```
len(text)
```

Out
```
6
```

如清单 2.30 中所示，使用 3 个"或 3 个'字符将元素围起来，就可以将多行字符串定义为一个字符串对象。在换行的地方会显示表示换行的"\n"符号。

清单 2.30 编写多行字符串的示例

In

```
"""在这里
换行"""
```

Out

```
'在这里\n换行'
```

刚才讲解的换行符号属于一种**转义序列**。转义序列是在将字符输出到画面时所使用的特殊字符，或者用于实现特定功能的组合字符，它会在开头处加上"\"符号。

清单 2.31 中的字符串就包含表示制表符的"\t"符号。如果将这个符号使用print 函数进行显示，"\t"就会被认为是制表符而显示到画面中。如果想要将转义序列变成无效的符号，并对原始的字符串进行显示，只需要在字符的开头处加上 r 即可。这样的字符串被称为**原始字符串**。

清单 2.31 转义序列与原始字符串的示例

In

```
print('a\tb')
print(r'a\tb')
```

Out

```
a       b
a\tb
```

字符串类型的对象中包含很多种成员方法。如清单 2.32 所示，如果调用capitalize 方法，就可以返回将首字母转换成大写的字符串。

| 清单 2.32 | capitalize 方法示例 |

In

```
text = 'python'
text.capitalize()
```

Out

```
'Python'
```

可以在字符串的模板中嵌入对象的值来创建字符串。此时需要使用 format 方法或者 f 字符串。如果在字符串字面常量的开头处加上 f，{} 内等式的值就会被插入到字符串中。如清单 2.33 中变量 year 的值就嵌入到了字符串中。

| 清单 2.33 | f 字符串的示例① |

In

```
year = 2020
f'公元 {year} 年'
```

Out

```
'公元 2020 年'
```

字符串格式的优点是可以灵活指定插入值的格式。只需在要插入的变量的后面加上 ":" 再接着指定格式。如清单 2.34 中的 :8.3f，可以指定整体的字符数量和小数点后所包含的位数。

| 清单 2.34 | f 字符串示例② |

In

```
a = 3.1415

# 字符宽度8个字符，小数点后3位
f'{a:8.3f}'
```

Out

```
'3.142'
```

2.3.2　列表

　　列表也是对元素进行排序管理的一种序列。列表可以将任意的对象作为自己的元素。如清单 2.35 所示，定义列表是使用","（逗号）将元素隔开，并将所有的元素用[] 括起来。

清单 2.35　　列表字面常数的示例①

In

```
x = [1, 'a', 2, 'b']
type(x)
```

Out

```
list
```

　　我们还可以将列表对象指定为列表的元素。对于清单 2.36 中较大的列表，可以在","（逗号）后面加入换行，这样做可以使代码的阅读性更好。

清单 2.36　　列表字面常数的示例②

In

```
[[1, 2, 3],
 [4, 5, 6],
 [7, 8, 9]]
```

Out

```
[[1, 2, 3], [4, 5, 6], [7, 8, 9]]
```

　　字符串或列表序列可以使用"+"运算符对多个序列进行合并，并生成一个新的序列（见清单 2.37 ）。

清单 2.37　　合并列表

In

```
[1, 2, 3] + [4, 5, 6]
```

Out

```
[1, 2, 3, 4, 5, 6]
```

2.3.3　索引与切片

对于字符串或列表这样的序列，可以通过指定索引的方式来访问其中的元素，这一操作称为索引。索引命令的语法是在序列的后面用"[ ]"将整数括起来进行索引的指定。索引是对开头（左边）的元素从 0 开始编号，并对位于其右的元素逐一加 1 来进行连续编号。

清单 2.38 中显示的是使用索引对列表中的元素进行引用的方法。x[0] 引用的是开头的元素 1 。我们还可以使用负的整数作为索引值，对于位于字符串末尾（右边）的编号可以使用 −1 进行指定。

清单 2.38　索引的示例

In

```
x = [1, 'a', 20, [3, 'b']]

print(x[0])
print(x[-1])
```

Out

```
1
[3, 'b']
```

切片是指在索引指定的范围内选择元素的操作。范围是以 [起始索引 : 结束索引] 的形式指定的。如清单 2.39 所示，将索引指定为 [2:5] 的话，就可以将索引值范围为大于等于 2 且小于 5 的元素单独提取出来。

清单 2.39　切片的示例①

In

```
text = 'abcdefg'
text[2:5]
```

Out

```
'cde'
```

如果省略了起始索引，就会从开头的元素开始提取；如果省略了结束索引，就会提取直到末尾的元素。如清单2.40所示，[:3]就是对从开头到第3个元素之前的范围内提取元素。如果是对从开头到末尾的整个范围内的元素进行提取，则可以使用[:]进行引用。

清单 2.40　切片的示例②

In

```
print(text[:3])
print(text[:])
```

Out

```
abc
abcdefg
```

此外，切片可以使用[起始索引：结束索引：增量值]这样的格式，在指定的范围内指定任意的间隔对元素进行提取。增量值默认为1，如清单2.41所示，增量值为2就表示每隔一个元素进行提取。另外，增量值同样也可以指定为负值。

清单 2.41　切片的示例③

In

```
print(text[::2])      # 在全部范围内每隔一个元素进行提取
print(text[1:5:2])    # 在大于等于1小于5的范围内每隔一个元素进行
                      # 提取
print(text[::-1])     # 将全部元素从末尾开始按顺序提取
```

Out

```
aceg
bd
gfedcba
```

2.3.4　可变对象

对象具有可变（Mutable）和不可变（Immutable）的性质。可变对象是指在其创建完毕后也可以对它的值进行变更。在此前出现过的使用类型中，列表是可变对象，而数值和字符串则是不可变对象。

对于可变更的序列，可以对其中的元素进行添加、变更、删除等操作。元素的变更可以如清单 2.42 中显示的那样，使用索引、切片和赋值语句来实现。

清单 2.42　　列表元素的变更

In
```
numbers = [1, 2, 3, 4]
numbers[0] = 5
numbers
```

Out
```
[5, 2, 3, 4]
```

如果需要添加元素，可以使用 append 等方法实现（见清单 2.43）。

清单 2.43　　append 方法的示例

In
```
numbers.append(6)
numbers
```

Out
```
[5, 2, 3, 4, 6]
```

如果需要删除元素，可以使用 del 语句实现。如清单 2.44 中删除了开头的两个元素。

清单 2.44　　列表元素的删除

In
```
del numbers[:2]
numbers
```

Out

```
[3, 4, 6]
```

在处理列表等可变对象时，有一些地方需要注意。如果程序中包含对一个可变对象的多个引用，那么就可能出现在代码中的某个地方改变对象的值的情况。

从清单2.45中可以看到，变量a中的列表被代入到变量b中。对变量b进行更改的同时，变量a的列表中的元素也被改变了。从两个列表拥有相同的对象标识也可以看出，这两个变量引用的是同一个列表对象。

清单 2.45 　引用列表时的注意点

In

```
a = [1, 2, 3]
b = a
b[0] = 10

print(a, id(a))
print(b, id(b))
```

Out

```
[10, 2, 3] 2130379121352
[10, 2, 3] 2130379121352
```

如果需要创建包含相同的值，但是同时又允许其他人进行变更的对象时，可以使用数组的copy方法或者使用[:]的切片语法生成对象的副本。清单2.46中将列表的副本代入到变量b中。由于这是两个不同的列表对象，因此即使我们对其中一个列表进行修改，也不会影响到其他的列表对象。

清单 2.46 　列表的副本

In

```
a = [1, 2, 3]
b = a.copy()
a[0] = 10
```

```
print(a, id(a))
print(b, id(b))
```

Out

```
[10, 2, 3] 2130378380488
[1, 2, 3] 2130378380168
```

2.3.5 元组

　　元组是类似于列表的序列，与列表不同的地方在于，元组是不可变对象。但是，与列表框比元组具有内存占用量更小的优点。此外，元组也可以将任意的对象作为元素，也可以创建嵌套结构。元组的格式如清单2.47中所示，元组的定义是使用","将元素隔开，并将所有的元素使用( )括起来。

清单 2.47　　元组字面常数的示例①

In

```
RGB = ('Red', 'Green', 'Blue')
type(RGB)
```

Out

```
tuple
```

　　如果不是在调用操作的( )中，或者在容器的字面常量中进行定义，元组的( )是可以省略的(见清单2.48)。但是，当元组中只包含一个元素时，则需要在其末尾加上","，大家在使用时需要注意。

清单 2.48　　元组字面常数的示例②

In

```
a = 1, 2
a
```

Out

```
(1, 2)
```

使用元组可以将多个变量的代入集中实现。清单 2.49 中第一行赋值语句使用省略了（）的元组字面常量。使用名为元组解包的功能，可以将元素代入到左边的每个变量中。

此外，还可以使用元组解包简化元组中值的替换操作。如清单 2.49 中第四行的赋值语句，左边的每个变量都被代入了元素，其结果就是变量中的值都被替换了。

`清单 2.49`　　元组解包的示例

In

```
a, b = 1, 2
print(a, b)

a, b = b, a
print(a, b)
```

Out

```
1 2
2 1
```

2.3.6　字典

字典（Mapping）是可以对每个元素设置识别用的值的容器。用于识别的值称为键。由于字典不是序列，因此不能对其使用索引等方式对元素进行提取操作。如清单 2.50 所示，字典的定义是将键：值所组成的数据对，使用 ","隔开排列，并将所有的数据对用 {} 括起来。

`清单 2.50`　　字典的示例

In

```
prefecture = {'东京都': 13_636_222, '冲绳县': 1_439_913}
type(prefecture)
```

Out

```
dict
```

对于字典对象, 可以使用字典[键] 的下标格式引用其中的元素。如果指定给字典的键值不存在, 程序就会发生异常。

此外, 字典也是可变对象, 可以通过使用键值引用的方式对元素的值进行修改。如果指定的键值不存在, 那么代入的值就会作为新的元素被添加到字典中(见清单2.51)。

清单 2.51　　在字典中添加元素

In

```
prefecture['神奈川县'] = 9_126_214
```

如清单2.52所示, 字典中的元素也可以使用del 语句删除。

清单 2.52　　字典元素的删除

In

```
del prefecture['冲绳县']
prefecture
```

Out

```
{'东京都': 13636222, '神奈川县': 9126214}
```

2.4 比较运算符和逻辑运算符

在本节中，我们将对Python的比较运算符和逻辑运算符进行讲解。

🔹 2.4.1 布尔值

首先我们将对Python中的**布尔值**的处理进行讲解。Python中的bool 型是只用于处理布尔值、真和假这两种值的内置数据类型。只有关键字为True 和False 的两个对象属于bool 型（见清单2.53）。

清单 2.53　布尔值对象的类型

In
```
type(True)
```

Out
```
bool
```

🔹 2.4.2 比较运算符

比较运算符是用于对两个对象的关系进行判断的符号。比较运算符用于判断两个对象之间的关系，如果关系成立就返回True ；否则，返回False。比较运算符及其含义见表2.2。

表2.2　比较运算符

运　算　符	含　义
x == y	x 等于 y
x != y	x 不等于 y
x < y	x 小于 y
x <= y	x 小于等于 y
x > y	x 大于 y

（续表）

运 算 符	含 义
x >= y	x 大于等于 y
x is y	x 与 y 为相同对象
x is not y	x 与 y 为不同对象
x in y	y 中包含 x
x not in y	y 中不包含 x

比较运算符与算术运算符一样，可以将多个比较运算符组合在一起编写表达式（见清单2.54）。此外，比较运算符通常无法对不同类型的对象进行比较，但是它可以对整数型与浮点型进行比较。

清单 2.54　比较运算符的示例

In

```
0 <= 1.2 < 3
```

Out

```
True
```

2.4.3　逻辑运算符

逻辑运算符是用于对布尔值进行运算的运算符。表示逻辑与的and运算符是当运算符对象全部为True时返回True；表示逻辑或的or运算符是当运算符对象只要有一个为True时就会返回True；表示否定的逻辑非的not运算符是返回经过翻转后的布尔值。

清单2.55中首先执行的是比较运算符，由于两个运算符对象都为True，因此返回True。由于逻辑运算符的优先级低于比较运算符，因此比较运算符不需要添加（）。此外，这个示例也可以不使用and运算符进行集中实现。

清单 2.55　逻辑运算符的示例①

In

```
a = 5
```

```
# 1 < a < 6 也可以
1 < a and a < 6
```

Out

```
True
```

我们也可以将逻辑运算符组合成与非、或非等逻辑运算。由于清单2.56中的运算结果是True and True，因此返回的就是True。

清单 2.56　　逻辑运算符的示例②

In

```
a < 6 and not a == 4
```

Out

```
True
```

2.5 条件语句

在本节中，我们将对所谓的条件语句，即用于对代码的执行顺序进行控制的语法进行讲解。

2.5.1 if 语句

根据条件的不同，当需要对执行的过程进行分支处理时，可以使用 if 语句。当程序的处理满足分支条件时，根据判断的结果是真还是假，后续的处理方式会发生变化。

清单 2.57 是使用了 if 语句的示例。首先根据关键字 if 评估其与 ":" 之间的表达式。如果这个表达式的评估结果是 True，位于 if 语句后面的代码块的处理就会被执行。代码块是指缩进后的语句所组成的集合，Python 语言中是使用缩进来对代码块的作用范围进行定义的。由于这个示例中 if 表达式的评估结果为 True，因此就会执行下一行中的代码并显示 OK。

清单 2.57　if 语句的示例①

In

```
if 18.5 <= 22 < 25:
    print('OK')
```

Out

```
OK
```

Python 社区所推荐的 PEP8 编程规范中推荐使用四个半角的空格作为缩进。如果在 Jupyter Notebook 中输入 " : " 再换行，编辑器就会自动插入四个半角空格。

如果我们需要编写更为复杂的条件分支，可以使用 elif 或 else 语句。如果 if 条件表达式为 False，就可以使用 elif 的条件表达式进行评估。当存在多个 elif 语句时，就会对表达式按照从上往下的顺序进行评估，当最初评估结果为True时，elif语句的代码块会被执行。else 的代码块是在if或elif的条件表达式都为False的情况下才会被执行。

清单2.58显示的是对bmi的计算，如果没超过18.5就是体重过轻；如果超过25就是肥胖；如果这两个条件都不满足，就是标准体重。从这个示例中可以看出，bmi超过了25，因此elif的代码块将会被执行。

清单 2.58 　if语句的示例②

In

```
height = 1.78
weight = 80
bmi = weight / height**2
print('bmi:', bmi)

if bmi < 18.5:
    print('体重过轻')
elif 25 <= bmi:
    print('肥胖')
else:
    print('标准体重')
```

Out

```
bmi: 25.24933720489837
肥胖
```

2.5.2　while 语句

用于重复处理的while语句，会一直重复代码块的处理，直到条件表达式的结果变成False为止。它的格式与if语句一样，都需要在条件表达式后的"："后面或代码块的后面使用缩进。

在清单2.59中，首先将0代入到变量i中，然后使用while条件表达式评估i的值是否小于等于1。可以看到最初的评估结果为True，因此代码块中的处理被执行。在代码块中显示i的值之后，程序会将值加上1进行更新处理。之后再次使用while条件表达式对其进行评估，评估结果依然是True，因此代码块中的处理还是会被执行。当i的值更新为2时，此时条件表达式的评估结果为False，那么代码块中的处理将不再被执行。

清单 2.59　　while 语句的示例

In
```
i = 0
while i <= 1:
    print(i)
    i += 1
```

Out
```
0
1
```

2.5.3　for 语句

对于类似列表包含多个元素的对象，当我们需要对其中的各个元素进行处理时，可以使用for 语句。可以如清单2.60 所示，在in 的后面指定列表等数据集合。

for 语句将元素依次代入到指定的局部变量中，并对代码块进行处理。在这个示例中，numbers 的元素依次被代入到number 中，然后使用代码块中的print 函数对值进行显示。

清单 2.60　　for 语句的示例

In
```
numbers = [1, 2, 3]
for number in numbers:
    print(number)
```

Out
```
1
2
3
```

在for语句中会经常使用range 对象（见清单2.61）。range 表示的是整数的等差数列，在参数中指定（start, end, step）。其中，只有 end 是必须要指定的参数，如果不对其进行指定，start 和 step 就会是 0 和 1。range 对象还可以在必要的时候生成整数，这样做比将整数保存到列表中更能节省内存空间。

清单 2.61　for 语句中 range 对象的使用示例

In

```
for i in range(3):
    print(i)
```

Out

```
0
1
2
```

在某些场合，我们需要在执行重复处理时使用元素的索引。如清单 2.62 所示，如果使用 enumerate 函数，就可以获得整数型的索引值及列表中的元素。这里将索引代入变量 i 中，将元素代入变量 x 中。

清单 2.62　enumerate 函数的示例

In

```
words = ['a', 'b', 'c']
for i, x in enumerate(words):
    print(i, x)
```

Out

```
0 a
1 b
2 c
```

接下来，将对名为列表闭包语法这一用于生成列表的语法进行讲解。在清单 2.63 中可以看到，使用 for 语句将整数的平方作为元素创建了列表，但实际上，同样的列表也可以如清单 2.64 所示使用列表闭包语法来创建。

清单 2.63 使用 for 语句创建列表

In

```
data = []
for i in range(5):
    data.append(i**2)

data
```

Out

```
[0, 1, 4, 9, 16]
```

清单 2.64 列表闭包语法的示例

In

```
[i**2 for i in range(5)]
```

Out

```
[0, 1, 4, 9, 16]
```

2.6 函数定义

所谓函数是一种执行指定的处理并返回结果的特殊对象，用户可以根据自身需求创建自定义的函数。本节中，我们将对函数的定义方法进行讲解。

2.6.1 函数定义的基础

函数可以使用 def 语句进行定义。其语法是在 def 关键字的后面输入函数名称，接着在（）中输入参数。如果存在多个参数，则需要使用"，"（逗号）隔开。在对不需要使用参数的函数进行定义时，（）中可以什么都不输入。在函数的代码块中，参数可以像普通的变量一样使用。

清单 2.65 中定义的函数是一个对简单的三角形面积进行计算的函数。这里将 base 作为底边长度的参数，height 作为高度的参数。代码块会将 base 和 height 的值输出到屏幕上，并返回计算后得到的三角形面积。然后使用 return 语句设置返回到调用处的值。如果不设置返回值，则不需要使用 return 语句。

清单 2.65　函数定义的示例

In

```
def calc_triangle_area(base, height):
    print(f'底边的长度: {base}, 高度: {height}')
    return base * height / 2

res = calc_triangle_area(5, 4)
print(res)
```

Out

```
底边的长度: 5, 高度: 4
10.0
```

在调用函数时传递给函数的值称为实际参数，而在函数内部接收值的参数则称为*形式参数*。如清单 2.65 所示，传递给函数的实际参数按顺序代入到相应的形式参数的位置中。像这样为相应位置的形式参数传递的值被称为位置参数。

此外，还可以明确指定形式参数对值进行传递，这种指定形式参数名传递的值称为关键字参数。如清单2.66所示，指定形式参数名并将值传递给函数。但是，如果是同时使用位置参数和关键字参数，需要先输入位置参数。

清单 2.66　　关键字参数的示例

In

```
calc_triangle_area(height=4, base=5)
```

Out

```
底边的长度: 5, 高度: 4
10.0
```

形式参数可以对没有指定值时所使用的默认值进行设置。清单2.67中设置了函数的形式参数的base 和height 的默认值。我们可以看到在不指定参数调用函数时，函数使用的是默认值。

清单 2.67　　参数默认值的设置示例

In

```
def calc_triangle_area(base=2, height=3):
    print(f'底边的长度: {base}, 高度: {height}')
    return base * height / 2

res = calc_triangle_area()
print(res)
```

Out

```
底边的长度: 2, 高度: 3
3.0
```

2.6.2　文档字符串

在函数定义的代码块的开头处输入的字符串，就是对函数进行说明的文档。这种字符串被称为文档字符串或docstring。平时在编写代码时，会因为时间间隔很久，而忘记当初编写某些函数的用意，为了避免这种情况的发生，建议在创建函数的时候为函数添加文档字符串进行说明。如清单 2.68 所示，推荐使用 """ 对文档字符串进行编写。

在 Python 中，可以使用 help 函数显示对象包含的文档字符串。当我们需要查阅函数或方法的使用方法时，建议使用 help 函数。另外，Jupyter Notebook 是使用类似"myfun?"这种形式，加上"?"并执行代码，即可显示出文档字符串。

清单 2.68　文档字符串的示例

In

```python
def myfun(x, y):
    """函数的概要

    函数的调用规则及注意点等

    Args:
        x (int): 补充说明
        y (int): 补充说明

    Returns:
        int: 补充说明
    """
    return x * y

help(myfun)
```

Out

```
Help on function myfun in module __main__:

myfun(x, y)
    函数的概要

    函数的调用规则及注意点等

    Args:
        x (int): 补充说明
```

```
    y (int): 补充说明

Returns:
    int: 补充说明
```

2.6.3 装饰器

装饰器是用于将函数作为参数接收，并返回其他函数的函数。装饰器可以在我们需要对函数的功能进行分割，同时为了提高代码的可读性的时候派上用场。虽然需要对装饰器进行定义的情况很少发生，但是需要使用装饰器的情况还是比较多的，因此建议掌握它的概要。

清单 2.69 中定义的 myfun 函数只是用于显示 1st 的函数。而装饰器 deco 函数则是将函数作为参数接收，并返回代码块所定义的名为wrapper 的函数。这个 wrapper 函数负责调用传递给 deco 函数的函数，然后再显示 2nd 。

清单 2.69　函数的定义

In

```
def deco(func):
    def wrapper():
        func()
        print('2nd')
    return wrapper

def myfun():
    print('1st')
```

在清单 2.70 中，将定义后的 myfun 函数传递给 deco 函数，利用返回的函数对 myfun 进行更新操作。如果调用 myfun 函数，在 wrapper 函数中定义的处理将被执行，并显示两个字符串。

清单 2.70　装饰器的使用示例①

In

```
myfun = deco(myfun)
myfun()
```

Out

```
1st
2nd
```

Python中还提供了专门用于定义装饰器的语法。如清单2.71所示，在def语句的前面添加@并指定装饰器，即可创建应用于该装饰器的函数。

清单 2.71 装饰器的使用示例②

In

```
@deco
def myfun():
    print('1st')

myfun()
```

Out

```
1st
2nd
```

2.6.4 lambda 表达式

当需要对函数进行定义时，还可以使用lambda表达式实现。使用lambda表达式创建的函数对象，即使没有赋予名称也是可以使用的，可以将其称为匿名函数。它的定义方法是在lambda的后面指定形式参数，接着在"："的后面输入用于函数处理的表达式。该表达式的评估结果就是函数的返回值。

清单2.72中变量words的列表是按字数由少到多的顺序排列的。这是因为列表的sort方法对列表的元素进行排序并更新的缘故。在key参数中指定用于计算排序时所使用的键值的函数。使用lambda表达式，就可以省去def关键字，从而使代码变得更为简洁。

清单 2.72 lambda 表达式的使用示例

In

```
words = ['Python', 'C', 'JAVA']
words.sort(key=lambda x: len(x))
print(words)
```

Out

```
['C', 'JAVA', 'Python']
```

基于NumPy的数组运算

在本章中，我们将对NumPy 中提供的多维数组对象及其基本的使用方法进行讲解。

3.1 NumPy 的准备

在本节中，我们将对NumPy 的概要及其使用方法进行讲解。

3.1.1 何谓 NumPy

NumPy是Python中用于科学计算技术的专业基础软件包。我们可以通过使用 NumPy 提供的多维数组对象（ndarray）实现对大规模数据进行高速数值计算处理。此外，NumPy 中不仅对ndarray提供了基本运算功能和标准的数学函数的实现，还提供了线性代数及快速傅里叶变换等多种相关函数的支持。

3.1.2 NumPy 的导入

首先，我们将执行清单 3.1中的代码对 NumPy 进行导入操作。通常是将 NumPy 以 np 的名称进行导入。

清单 3.1　　NumPy 的导入

In

```
import numpy as np
```

读书笔记

3.2 数组的创建

在本节中，我们将对用于创建 NumPy 数组的函数进行讲解。

3.2.1 array 函数

将列表等序列类型传递给 np.array 函数，即可创建 ndarray 类型的对象（见清单 3.2）。在 NumPy 环境中，ndarray 被称为数组。

这个数组对象中包含各种各样的属性。例如，数组的维度可以使用 ndim 属性进行确认。清单 3.2 中的数组为一维数组，因此 ndim 属性为 1。

此外，数组的形状（各个坐标轴方向的大小）可以使用 shape 属性进行确认。一维数组的数组形状是通过包含一个元素的元组进行返回的，如清单 3.2 所示，属性返回的元组为（4,）。

清单 3.2　一维数组的创建

In

```
import numpy as np

x = np.array([1, 2, 3, 4])

print(type(x))
print(x.ndim)
print(x.shape)
```

Out

```
<class 'numpy.ndarray'>
1
(4,)
```

使用 array 函数生成二维以上的数组的方法有两种。一种方法是如清单 3.3 所示指定关键字参数 ndmin。对于二维数组，如果使用 shape 属性确认数组的形状，由于它有两个坐标轴，因此返回的是包含两个元素的元组。我们可以看到这个示例中数组的形状为（1,4）。

清单 3.3　　二维数组的创建①

In

```
x = np.array([1, 2, 3, 4], ndmin=2)

print(x)
print(x.shape)
```

Out

```
[[1 2 3 4]]
(1, 4)
```

　　另外一种方法是将嵌套列表传递给 array 函数创建二维以上的数组。如清单 3.4 所示，创建的数组形状为（3, 1）。

清单 3.4　　二维数组的创建②

In

```
y = np.array([[1],
              [2],
              [3]])

print(y)
print(y.shape)
```

Out

```
[[1]
 [2]
 [3]]
(3, 1)
```

　　在 NumPy 中，通过前面介绍的方法，无论使用一维数组还是二维数组都可以用于表示向量。但是，如果使用一维数组表示向量，是无法区分行向量和列向量的，因此在进行数组运算时需要注意。

3.2.2　数组的数据类型

　　数组中的所有的元素通常都是相同数据类型的对象，在用于数值计算时，经常会使用的数据类型包括整数型、浮点型、复数型等。如清单3.5所示，数据中只要有一个元素是浮点型，那么返回的数组中所有的元素都将是浮点型。

清单 3.5　　数组的创建

In
```
data = [1.0, 2, 3, 4]

x = np.array(data)
x
```

Out
```
array([1., 2., 3., 4.])
```

清单3.6中数组的数据类型可以使用dtype属性进行访问。数据类型的名称中包含的64等数字表示的是，在内存中一个元素所需要的字长的位数。

清单 3.6　　dtype 属性的示例

In
```
x.dtype
```

Out
```
dtype('float64')
```

当执行清单3.7中的代码后，就可以看到NumPy中所支持的数据类型的类名称的一览表。除此之外，还有np.int等类型，这种数据类型会根据系统环境的不同，而作为np.int32或np.int64的数据类型进行处理。

清单 3.7　　数据类型的类名称的一览表

In
```
np.sctypes
```

Out

```
{'int': [numpy.int8, numpy.int16, numpy.int32, numpy.➡
int64],
 'uint': [numpy.uint8, numpy.uint16, numpy.uint32, numpy.➡
uint64],
 'float': [numpy.float16, numpy.float32, numpy.float64],
 'complex': [numpy.complex64, numpy.complex128],
 'others': [bool, object, bytes, str, numpy.void]}
```

创建数组的函数中包含 dtype 参数，如清单3.8所示，这个参数可以指定数据类型。

清单 3.8　　指定数据类型的示例

In

```
y = np.array(data, dtype=np.int)

print(y)
print(y.dtype)
```

Out

```
[1 2 3 4]
int32
```

数组一旦被创建，其元素的数据类型是无法变更的。但当我们需要创建不同数据类型的数组时，可以使用 astype 方法、array 函数或数据类型的类来创建。在清单3.9中使用的是 astype 方法创建了数据类型为 complex128 的数组。

清单 3.9　　astype 方法的示例

In

```
# np.array(y, dtype=np.comlex) 也可以
# np.complex128(y) 也可以
y.astype(np.complex)
```

Out

```
array([1.+0.j, 2.+0.j, 3.+0.j, 4.+0.j])
```

3.2.3 值为 0 和 1 的数组

NumPy 中提供了很多可以根据特定的规则创建数组的函数。我们先将对其中可以生成元素为 0 和 1 的数组的函数进行讲解。

所有元素都为 0 的数组使用 zeros 函数创建；所有元素都为 1 的数组使用 ones 函数创建。这两个函数都是根据传递给参数的形状来创建数组的。一维数组由整数指定形状；多维数组由元素为整数的序列类型来指定数组的形状。清单 3.10 创建的是形状为（2, 3），元素为 1 的数组。

清单 3.10   ones 函数的示例

In
```
np.ones((2, 3))
```

Out
```
array([[1., 1., 1.],
       [1., 1., 1.]])
```

如果将元素为 1 的数组乘以某一数值，就可以创建填满该数值的数组。此外，NumPy 还提供了创建元素为固定数值的数组的full函数（见清单 3.11）。通过这个函数的参数，我们可以对数组形状和元素的值进行指定。

清单 3.11   full 函数的示例

In
```
np.full((2, 3), -1)
```

Out
```
array([[-1, -1, -1],
       [-1, -1, -1]])
```

NumPy 中提供了可以创建任意形状的数组的 empty 函数（见清单 3.12）。这个函数在创建数组时，由于直接使用保存在内存块中的值作为数组的元素，因此创建数组所需花费的时间很短。但是，由于它无法被初始化，因此数组中的值是不确定的，大家在使用时需要注意。

清单 3.12 empty 函数的示例

In
```
x = np.empty((4, 3))
x
```

Out
```
array([[1.07445604e-311, 2.81617418e-322, 0.00000000e+ 000],
       [0.00000000e+000, 1.13073288e+277, 2.92966904e- 033],
       [5.58050853e-091, 1.20009340e-071, 5.45167218e- 067],
       [9.15186801e-071, 6.48224660e+170, 4.93432906e+ 257]])
```

将数组中所有元素变更为指定的值时，可以使用 fill 方法，使用这一方法也可以创建元素为固定值的数组。此外，如果需要创建与某一数组具有相同形状的数组时，可以使用 zeros_like 或 full_like 之类的函数。如清单 3.13 所示，创建的是与清单 3.12 中的数组形状相同的元素为 0 的数组。

清单 3.13 zeros_like 函数的示例

In
```
np.zeros_like(x)
```

Out
```
array([[0., 0., 0.],
       [0., 0., 0.],
       [0., 0., 0.],
       [0., 0., 0.]])
```

3.2.4 表示单位矩阵、对角矩阵以及三角矩阵的数组

我们可以简单创建表示单位矩阵这类在数学中经常出现的矩阵的数组。所谓单位矩阵，是指对角元素为 1 的正方矩阵。创建表示单位矩阵的数组可以使用 identity 函数或 eye 函数（见清单 3.14）。可以在函

数的参数中指定矩阵的次数。其中，eye 函数的功能更为丰富，它还可以指定数组的形状、由元素 1 排列而成的对角元素的位置。

清单 3.14　identity 函数的示例

In
```
np.identity(3)
```

Out
```
array([[1., 0., 0.],
       [0., 1., 0.],
       [0., 0., 1.]])
```

　　常用的对角矩阵可以使用 diag 函数或 diagflat 函数来创建（见清单 3.15）。在参数中指定集中了对角元素的列表或数组，使用 k 参数调整对角元素排列的位置。在 diagflat 函数的参数中，还可以指定嵌套结构的列表。

清单 3.15　diag 函数的示例

In
```
np.diag([1, 2, 4], k=-1)
```

Out
```
array([[0, 0, 0, 0],
       [1, 0, 0, 0],
       [0, 2, 0, 0],
       [0, 0, 4, 0]])
```

　　使用 tri 函数可以创建表示下三角矩阵的数组（见清单 3.16）。

清单 3.16　tri 函数的示例

In
```
np.tri(3)
```

Out

```
array([[1., 0., 0.],
       [1., 1., 0.],
       [1., 1., 1.]])
```

可以在原有数组的基础上创建三角矩阵的函数有 tril 函数和 triu 函数。tril 函数返回的是将指定数组的位于对角线上方的元素设置为 0 的数组（见清单 3.17）；triu 函数返回的是将位于对角线下方的元素设置为 0 的数组。

清单 3.17　tril 函数的示例

In

```
x = np.array([[2, -3],
              [3, 4]])

np.tril(x)
```

Out

```
array([[2, 0],
       [3, 4]])
```

3.2.5　数组值等间距变化的数组

数组值呈等间距变化的数组可以使用 arange 函数或 linspace 函数创建。其中，arange 函数是以（start, stop, step）的形式指定参数的，在 start（默认值为 0）之后到 stop 之前的区间创建数组的元素。step 为值的增量，默认值为 1。如清单 3.18 所示，在 $1 \leqslant x < 6$ 的区间中，以 2 为间距创建数组。

清单 3.18　arange 函数的示例

In

```
np.arange(1, 6, 2)
```

Out

```
array([1, 3, 5])
```

当我们需要创建值的间距为小数的数组时，可以使用 linspace 函数。其中，参数是以（start, stop, num）的形式指定的。在参数 num 中可以指定数组的元素数量。默认情况下，stop 的值会包含在所创建的数组中，但是如果在参数中指定 endpoint=False，数组中则不会包含 stop 的值（见清单 3.19）。

清单 3.19　　linspace 函数

In

```
np.linspace(0, 1, 5, endpoint=False)
```

Out

```
array([0. , 0.2, 0.4, 0.6, 0.8])
```

创建在对数上是等间距分布的值作为元素的数组时，可以使用 logspace 函数（见清单 3.20）。这个函数使用的是与 linspace 函数相同的参数。对数的底可以通过 base 参数进行指定，默认为 10（常用对数）。如果是底为纳皮尔常数 e 的自然对数，则可以使用 np.e 进行指定。

清单 3.20　　logspace 函数的示例

In

```
np.logspace(0, 3, 4, base=np.e)
```

Out

```
array([ 1.        ,  2.71828183,  7.3890561 , ➡
20.08553692])
```

3.3 元素的访问

在本节中，我们将对数组元素的访问方法进行讲解。

🔷 3.3.1 索引与切片

一维数组可以使用与序列类型相同语法的索引和切片对其中的元素进行访问。如清单3.21所示，程序对从开头到第4位的元素进行了访问。

清单3.21　使用切片访问元素

In

```
import numpy as np

x = np.arange(10)

x[:4]
```

Out

```
array([0, 1, 2, 3])
```

访问多维数组的元素时，需要对各个维度的索引或切片使用"，"隔开。如清单3.22所示，程序对第2行、第3列的元素6进行了访问。

清单3.22　使用二维数组访问元素

In

```
x = np.array([[1, 2, 3],
              [4, 5, 6],
              [7, 8, 9]])

x[1, 2]
```

Out

```
6
```

使用切片可以对特定的行或列进行访问。但是需要注意的是，访问的数组如果是一整行或一整列，返回的结果将是一维数组（见清单3.23）。

清单 3.23   对二维数组进行切片处理

In

```
x[:, 2]
```

Out

```
array([3, 6, 9])
```

3.3.2 视图与副本

如果需要生成数组中元素的副本，在进行索引和切片操作时，有些地方就需要注意。如清单3.24所示，使用切片访问了 x 数组的一部分元素并代入到变量 y 中。如果我们将变量 y 的数组的元素替换为 0，就会发现这一改动也反映到 x 数组中。在 NumPy 中，将这类与原有数组共享内存的数组称为视图。虽然视图具有节省内存空间的优点，但是在对值进行更新时，需要仔细考虑这一操作所带来的影响。

清单 3.24   确认视图

In

```
x = np.array([1, 2, 3, 4, 5])
y = x[:3]

y[:] = 0

print(y)
print(x)
```

Out

```
[0 0 0]
[0 0 0 4 5]
```

调用数组的 copy 方法，就可以创建既分配了内存又拥有相同的值的新的数组。新生成的数组被称为副本。除此之外，还可以在 array 函数的参数中指定 copy=True 来创建副本。接下来，我们将使用清单 3.25 中代码创建副本，并对元素进行更新。从结果中可以看到，这次的操作并没有影响到原有数组。

清单 3.25 确认副本

In

```
x = np.array([1, 2, 3, 4, 5])
y = x[:3].copy()

y[:] = 0

print(y)
print(x)
```

Out

```
[0 0 0]
[1 2 3 4 5]
```

3.3.3 使用整数数组作为索引

除了基本的索引，还有花式索引。使用整数数组进行索引访问就是其中的一种。这是一种将整数元素的列表或数组作为索引值访问的方法。

如清单 3.26 所示，程序中对一维数组 x 和二维数组 y 使用了整数数组进行了索引操作。其中，对二维数组 y 指定了两个整数的列表，这些是包含需要访问的元素的行和列的索引。此外，花式索引操作会为数组创建副本。

清单 3.26 使用整数数组作为索引的示例

In

```
x = np.array([-1, 2, -3, 4])
y = np.array([[1, 2, 3],
              [4, 5, 6]])

# 从x中提取1和3位置上的元素
print(x[[1, 3]])

# 从y中提取(0,0),(1,2)位置上的元素
print(y[[0, 1], [0, 2]])
```

Out

```
[2 4]
[1 6]
```

3.3.4 使用布尔数组作为索引

　　另一种花式索引是使用布尔数组作为索引，当我们需要仅对数组中满足条件的元素进行访问时，可以使用这一索引方式。这种索引方式需要使用元素是布尔值的数组或列表。使用元素为 True 的位置上的元素组成新的数组。如清单 3.27 所示，使用比较运算符，就可以创建将数组中各个元素与数值进行比较得到的布尔值所组成的数组。在这个示例中指定使用布尔值的数组进行索引，对于值大于 4 的元素进行提取。

清单 3.27 使用布尔数组作为索引的示例

In

```
x = np.array([1, 3, 5, 7])

print(x > 4)
print(x[x > 4])
```

Out

```
[False False  True  True]
[5 7]
```

3.4 数组形状和大小的变更

在本节中，我们将对更改数组的形状重塑数组，以及通过对两个数组进行合并的方式创建新的数组的方法进行讲解。

3.4.1 形状的变更

当我们需要对数组的形状进行变更时，可以使用np.reshape 函数或者数组对象的reshape方法。使用这些方法生成的是数组的视图。需新创建的数组形状可以在参数中进行指定。清单3.28显示的是在二维数组x 的基础上创建了大小为4 的一维数组的方法。

清单 3.28　reshape 函数的示例

In

```
import numpy as np

x = np.array([[1, 2],
              [3, 4]])

y = x.reshape(4)
y
```

Out

```
array([1, 2, 3, 4])
```

当我们需要对数组的维度进行扩展时，除了可以使用reshape 方法，还可以使用其他方法。例如，清单3.29 所使用的 [:, np.newaxis]，在需要追加维度的位置上使用np.newaxis 进行切片操作。由于数组y 的形状为（4,），因此新生成的数组形状将会是（4, 1）。此外，同样的操作也可以使用np.expand_dims 函数来实现。而这些操作与reshape 方法不同，它们具有即使不知道原有数组的形状也可以对其进行操作的优点。

清单 3.29   使用 np.newaxis 扩展维度

In

```
# np.expand_dims(y, axis=1) 也是可以
y[:, np.newaxis]
```

Out

```
array([[1],
       [2],
       [3],
       [4]])
```

3.4.2 数组的合并

　　NumPy中提供了各种可以用于对数组进行合并操作的函数。其中，vstack 函数和hstack 函数是使用得比较方便的函数。当我们需要将数组在垂直方向上合并时，可以使用vstack 函数（见清单 3.30）。在函数的参数中可以指定将合并的数组作为元素组成的序列。另外，hstack 函数可以对数组在水平方向上进行合并。使用hstack 函数将一维数组与另一个一维数组进行合并，得到的返回值是一个新的一维数组。

清单 3.30   vstack 函数的示例

In

```
x = np.arange(4)

np.vstack((x, x, x))
```

Out

```
array([[0, 1, 2, 3],
       [0, 1, 2, 3],
       [0, 1, 2, 3]])
```

　　除了 vstack 函数和hstack 函数之外，还有比这些函数更为通用的stack 函数和concatenate 函数。这两个函数都是使用axis参数指定在哪一个编号的坐标轴方向上合并数组用的。如果是在一维数组的水平方

向上合并，就是将一维数组作为纵向量进行合并，这与使用hstack 函数所得到的结果是不一样的（见清单3.31）。虽然concatenate 函数也是用于数组合并的通用函数，但是它的输入数组和输出数组的维度必须是相同的。它无法通过合并一维数组的方式创建二维数组。

清单 3.31　　stack 函数的示例

In

```
np.stack((x, x, x), axis=1)
```

Out

```
array([[0, 0, 0],
       [1, 1, 1],
       [2, 2, 2],
       [3, 3, 3]])
```

当我们需要对垂直方向和水平方向上的合并进行重复操作时，可以使用block 函数。block 函数可以像数学中的分块矩阵那样对多个数组进行合并（见清单3.32）。block 函数还可以作为vstack 函数和hstack 函数的替代函数来使用。

清单 3.32　　block 函数的示例

In

```
A = np.eye(2)
B = np.zeros((2, 3))
C = np.ones((3, 2))
D = np.eye(3) * 2

np.block([[A, B],
          [C, D]])
```

Out

```
array([[1., 0., 0., 0., 0.],
       [0., 1., 0., 0., 0.],
       [1., 1., 2., 0., 0.],
       [1., 1., 0., 2., 0.],
```

```
                [1., 1., 0., 0., 2.]])
```

3.4.3 重复模式的数组

如清单3.33所示，tile 函数可以将指定的数组作为一个数据块，创建将这个数据块按指定重复次数排列的数组。需要在第一个参数中指定原有的数组，在第二个参数中使用整数类型或序列类型对各个维度的重复次数进行指定。

清单 3.33   tile 函数的示例

In

```
x = np.arange(6).reshape(2, 3)

np.tile(x, (2, 1))
```

Out

```
array([[0, 1, 2],
       [3, 4, 5],
       [0, 1, 2],
       [3, 4, 5]])
```

当我们需要创建以元素为单位进行重复的数组时，可以使用repeat 函数。与tile 函数相同，这个函数也是在第一个参数中指定原有的数组；在第二个参数中指定重复的次数。默认是创建一个由将数组的元素按照指定的次数进行反复填充所生成的一维数组。如果指定axis 参数，可以在指定的坐标轴方向上对各个元素进行重复置入（见清单3.34）。

清单 3.34   repeat 函数的示例

In

```
np.repeat(x, 3, axis=1)
```

Out

```
array([[0, 0, 0, 1, 1, 1, 2, 2, 2],
       [3, 3, 3, 4, 4, 4, 5, 5, 5]])
```

我们可以创建切换数组的坐标轴,对行与列进行翻转的数组。对数组的坐标轴的顺序进行翻转的操作称为转置。如果对二维数组进行转置,得到的就是单纯地将行与列的元素翻转后所形成的数组。可以使用transpose 函数或者引用数组的T属性,来获取经过转置后的数组(见清单3.35)。这一转置数组是原有数组的视图。

清单 3.35   T 属性的示例

In

```
# np.transpose(x)也是可以的
x.T
```

Out

```
array([[0, 3],
       [1, 4],
       [2, 5]])
```

对多维数组的任意坐标轴进行互换操作时,可以使用swapaxes 方法。清单3.36中显示的是对数组进行转置操作的方法。

清单 3.36   swapaxes 方法的示例

In

```
x.swapaxes(0, 1)
```

Out

```
array([[0, 3],
       [1, 4],
       [2, 5]])
```

3.5 数组的基本运算

> 在本节中，我们将对数组的基本运算功能进行讲解。

3.5.1 基本的算术运算

使用算术运算符对数组进行运算时，如果数组的形状相同，就会对相应的每一个元素进行计算（见清单3.37）。计算的结果中如果元素为浮点数，返回的数组的数据类型就是浮点型。

清单 3.37 在相同形状的数组之间进行运算

In

```
import numpy as np

x = np.array([[1, -1],
              [3, 2]])
y = np.array([[0, 1],
              [-2, 1]])

x + y
```

Out

```
array([[1, 0],
       [1, 3]])
```

当我们需要对两个不同形状的数组进行运算时，需要将形状较小的数组扩展到与形状较大的数组相同的大小后再进行运算。这种处理称为广播，这一操作会自动在程序内部执行。广播是用于简化数组计算的实现代码的一种机制，由于这一机制容易造成理解上的混乱，因此在使用时需要注意。

首先，将对两个数组都为二维数组的情况进行说明。如果数组的行和列当中有一个长度为1，那么程序就会自动对其进行扩展，使其与另外一个数组的长度相等。例如，假设有形状为（2, 2）的数组 x 和形状为（1, 2）的数组 y，对二者进行加法运算（见清单 3.38）。在这种情况下，需要将数组 y 在行方向进行扩展，使其变为（2, 2）的数组再进行计算，如式（3.1）所示。

$$\begin{bmatrix} 1 & 2 \\ 3 & 4 \end{bmatrix} + \begin{bmatrix} 5 & 6 \\ 5 & 6 \end{bmatrix} = \begin{bmatrix} 6 & 8 \\ 8 & 10 \end{bmatrix} \qquad (3.1)$$

清单 3.38　　广播的示例①

In

```
x = np.array([[1, 2],
              [3, 4]])
y = np.array([[5, 6]])

#每一行都加上[5, 6]
x + y
```

Out

```
array([[ 6,  8],
       [ 8, 10]])
```

与前面的操作一样，如果是对形状为（1, 2）和（2, 1）的数组进行运算，各个数组需要扩展为（2, 2）的形状进行运算。清单 3.39 中的计算如式（3.2）所示。

$$\begin{bmatrix} 1 & 2 \\ 1 & 2 \end{bmatrix} + \begin{bmatrix} 3 & 3 \\ 4 & 4 \end{bmatrix} = \begin{bmatrix} 4 & 5 \\ 5 & 6 \end{bmatrix} \qquad (3.2)$$

清单 3.39　　广播的示例②

In

```
x = np.array([[1, 2]])
y = np.array([[3],
              [4]])

x + y
```

Out

```
array([[4, 5],
       [5, 6]])
```

接下来，对两个维度不相等的数组的运算进行讲解。在这种情况下，需要将两个数组的维度统一，在维度小的数组的左边追加长度为1的新的坐标轴。之后，对长度为1的维度使用刚才的操作对其进行扩展，当两个数组变成相同的形状后再进行计算。

例如，现有形状为（2, 3）的二维数组和形状为（3,）的一维数组需要进行运算（见清单3.40）。

首先，需要在一维数组的左边加上新的坐标轴，使其转换成形状为（1, 3）的二维数组。然后，需要在数组的行方向上进行扩展，使其变为（2, 3）的二维数组再进行计算。因此，清单3.40中的计算如式（3.3）所示。

$$\begin{bmatrix}1 & 2 & 3\\4 & 5 & 6\end{bmatrix} + \begin{bmatrix}0 & 10 & 100\\0 & 10 & 100\end{bmatrix} = \begin{bmatrix}1 & 12 & 103\\4 & 15 & 106\end{bmatrix} \quad (3.3)$$

清单 3.40　　广播的示例③

In

```
x = np.array([[1, 2, 3],
              [4, 5, 6]])
y = np.array([0, 10, 100])

x + y
```

Out

```
array([[  1,  12, 103],
       [  4,  15, 106]])
```

还可以运用广播对数组和标量进行运算。标量可以像形状为（1,）的数组那样操作。清单3.41中的计算如式（3.4）所示。

$$\begin{bmatrix}1 & 2\\3 & 4\end{bmatrix} + \begin{bmatrix}1 & 1\\1 & 1\end{bmatrix} = \begin{bmatrix}2 & 3\\4 & 5\end{bmatrix} \quad (3.4)$$

In

```
x = np.array([[1, 2],
              [3, 4]])
y = 1

x + y
```

Out

```
array([[2, 3],
       [4, 5]])
```

🔷 3.5.2　通用函数

　　NumPy 中提供了很多以元素为单位对数组进行处理的函数。这些函数称为通用函数或 ufunc。ufunc 的特长是可以进行高速的处理。ufunc 中包含的一部分函数见表 3.1。NumPy 中提供了数量庞大的 ufunc，详细内容请参考官方文档。清单 3.42 中显示的是使用 sqrt 函数对数组中所有元素的 $\sqrt{x}$ 进行的计算。

表 3.1　ufunc 中的一部分函数

函　数	说　明
sin	正弦 $\sin x$
deg2rad	将度数单位的数值转换成弧度单位
exp	指数函数 e^x
log	自然对数 $\ln x$
sqrt	正的平方根 $\sqrt{x}$
abs	绝对值
rint	取整为最接近参数的整数

清单 3.42　　通用函数的使用示例

In

```
x = np.arange(5)

np.sqrt(x)
```

Out

```
array([0.        , 1.        , 1.41421356, 1.73205081, 2.        ])
```

🔷 3.5.3　比较运算

使用比较运算符对数组进行比较时，可以得到布尔值的数组（见清单 3.43）。此外，与算术运算符相同，广播机制的规则也同样适用于比较运算符。

清单 3.43　　比较数组的示例

In

```
x = np.array([1, 2, 3, 4])
y = np.array([4, 3, 2, 1])

z = x > y
z
```

Out

```
array([False, False,  True,  True])
```

对于布尔值的数组，可以使用逻辑运算符中的"&"或"|"对每个元素的逻辑与和逻辑或进行计算。如清单 3.44 所示，数组 x 中值大于 2 且小于 4 的元素都被替换成 0。

清单 3.44　　布尔值数组的筛选

In

```
x[(2 <= x) & (x < 4)] = 0
x
```

```
array([1, 0, 0, 4])
```

清单 3.45 中使用的 all 函数是，如果数组中的元素全部为 True 就返回 True。此外，还有一个与其功能相似的 any 函数，这个函数是只要元素中包含一个 True 就会返回 True。

清单 3.45　all 函数的示例

In

```
np.all(z)
```

Out

```
False
```

在算术运算中，元素 True 和 False 是分别作为 1 和 0 进行处理的。利用这一性质，我们可以使用布尔值的数组创建满足各种条件的数值数组。如清单 3.46 所示，创建的是将 x 数组中小于 2 的元素转换为 0 所得到的数组。

清单 3.46　使用布尔值数组的算术运算

In

```
x = np.array([1, 2, 3, 4])

x * (x > 2)
```

Out

```
array([0, 0, 3, 4])
```

3.5.4　向量和矩阵乘积

NumPy 中的数组，可以使用 "*" 运算符对矩阵中每个元素的积进行计算。这一计算对应的是被称为哈达玛积（Hadamard product）的矩阵的乘法。

向量或矩阵的乘法还包括其他不同的定义，其中最重要的定义为

基于NumPy的数组运算

矩阵乘积（Matrix product）。矩阵乘积可以使用 @ 运算符或 np.dot 函数进行计算。

下面将对矩阵乘积的具体示例进行简单介绍。清单 3.47 中显示的是使用两个二维数组对式（3.5）中的矩阵 A 和矩阵 B 进行定义。

$$A = \begin{bmatrix} 1 & -2 \\ 2 & 0 \end{bmatrix}, B = \begin{bmatrix} 3 & 4 \\ -1 & -3 \end{bmatrix} \tag{3.5}$$

清单 3.47　数组的创建

In

```
A = np.array([[1, -2],
              [2, 0]])
B = np.array([[3, 4],
              [-1, -3]])
```

矩阵乘积 AB 的计算如式（3.6）所示。矩阵乘积 AB 可以使用两个数组与 @ 运算符以 A @ B 的形式进行计算（见清单 3.48）。

$$AB = \begin{bmatrix} 1 \cdot 3 + (-2) \cdot (-1) & 1 \cdot 4 + (-2) \cdot (-3) \\ 2 \cdot 3 + 0 \cdot (-1) & 2 \cdot 4 + 0 \cdot (-3) \end{bmatrix} = \begin{bmatrix} 5 & 10 \\ 6 & 8 \end{bmatrix} \tag{3.6}$$

清单 3.48　矩阵乘积的示例①

In

```
A @ B
```

Out

```
array([[ 5, 10],
       [ 6,  8]])
```

矩阵和向量的积也可以使用 @ 运算符作为矩阵乘积进行运算。使用 @ 运算符和 np.dot 也同样可以对两个维度不同的数组进行运算。例如，对二维数组和一维数组进行计算时，程序内部会将一维数组作为二维数组（列向量）进行计算，将结果转换成一维数组并返回。但是，这样操作的结果会成为错误的根源，因此建议大家在操作时尽量将向量也创建为二维数组再对其进行计算。例如，清单3.49所示的示例就是将纵向量创建为二维数组再进行计算的。

清单 3.49　　矩阵乘积的示例②

In
```
x = np.array([[1, -1]]).T

A @ x
```

Out
```
array([[3],
       [2]])
```

基于NumPy的数组运算

CHAPTER

4

基于SymPy的代数计算

如果使用 Python，那些原本需要人们依靠纸和笔进行手工计算的数学中的代数运算就可以使用名为 SymPy 的软件包来解决。本章将对 SymPy 的基本使用方法进行讲解。

4.1 SymPy 的准备

> 在本节中，我们将对 SymPy 的概要及其运用方法进行讲解。

4.1.1 何谓 SymPy

　　SymPy 是 Python 中提供代数运算功能的软件包。如代数类的微积分的计算、方程式的求解等各种各样的计算需求都可以实现。此外，还可以通过向需要求解的数学公式中带入数值的方式，对公式进行求解。

　　SymPy 这样的数学公式处理系统，可以实现比人们使用笔和纸更为高效的数学公式运算，而且用于对手动计算的公式运算结果进行验证也是不错的选择。在 Jupyter Notebook 上使用 SymPy，可以用 LaTeX 的格式输出计算结果，获得更为美观的印刷效果。这一功能在创建报告等需要输入数学公式的场合，也是能够帮助我们的非常便利的功能。

4.1.2 SymPy 的导入

　　SymPy 通常都是以清单 4.1 中的方式来使用的，本章为了避免引入不必要的复杂性，将统一使用这种方法。不过，这种方法除了用于简单的计算或以学习 SymPy 为目的之外是不推荐的。在实际运用 SymPy 时，相对于使用 import sympy 进行导入，还是只选择必要的类导入会更好。

清单 4.1　　SymPy 的导入

In

```
from sympy import *
```

4.2 符号的创建

> 在本节中，我们将对创建数学公式基本组成部分的符号的方法进行讲解。

🔷 4.2.1 常量与变量的符号

在 SymPy 中，通过使用 Symbol 类，可以将数学符号变成 Python 对象来进行处理。而符号（Symbol）对象实际上是用来表示数学公式的一种数据结构的元素。

创建符号对象需要使用 symbols 函数。清单 4.2 中显示了如何使用 symbols 函数创建符号对象，并显示符号对象的值和数据类型。在 symbols 函数的参数中，可以指定用于代表所创建符号名称的字符串。用于代入符号对象的变量名可以设置为与符号名相同，或者采用符号名的缩写形式以提高代码的可读性。

清单 4.2　　symbols 函数的示例①

In

```
from sympy import *

x = symbols('x')

print(x)
print(type(x))
```

Out

```
x
<class 'sympy.core.symbol.Symbol'>
```

如清单 4.3 所示，也可以使用 symbols 函数同时创建多个符号对象。符号对象的名称可以使用空格隔开的形式来表示，也可以使用指定序列为参数的方式表示。函数将所生成的符号对象集中保存在元组中返回。

清单 4.3　symbols 函数的示例②

In

```
x, y, z = symbols('x y z')
x, y, z = symbols('x,y,z')
x, y, z = symbols(['x', 'y', 'z'])
```

　　此外，也可以像切片那样使用"："来制定范围的方式，创建由连续的数字和字母所组成的符号对象的定义（见清单 4.4）。

清单 4.4　symbols 函数的示例③

In

```
print(symbols('a:3'))
print(symbols('b10:13'))
print(symbols('c0(1:4)'))
print(symbols(':c'))
print(symbols('x(b:d)'))
print(symbols('(x:y)(0:2)'))
```

Out

```
(a0, a1, a2)
(b10, b11, b12)
(c01, c02, c03)
(a, b, c)
(xb, xc, xd)
(x0, x1, y0, y1)
```

　　我们还可以对符号对象中的各种信息进行假设。用于设置假设信息的主要关键字参数见表 4.1。

表 4.1　用于设置假设信息的主要关键字参数

关键字参数	说　明
real	实数
positive	正数
negative	负数
integer	整数

基于SymPy的代数计算

（续表）

关键字参数	说　明
odd	奇数
prime	质数
complex	复数

　　例如，当我们需要假设符号对象是整数时，可以使用integer = True 参数进行指定（见清单4.5）。此外，系统还提供了对符号对象的假设进行检测的方法。在清单4.5中，使用is_integer方法，对符号对象的假设是否真的是整数进行确认。如此类可以对符号对象的假设进行检测的方法，都是采用在对应关键字参数的开头加上is_ 前缀的形式进行命名的。

清单 4.5　　is_integer 方法的示例

In
```
x = symbols('x', integer=True)

x.is_integer
```

Out
```
True
```

　　使用定义好的符号对象与SymPy 的各种各样的函数进行组合，就可以创建出我们需要的数学公式（见清单4.6）。

清单 4.6　　数学公式的创建

In
```
x = symbols('x')

1 / sqrt(x) - sqrt(1 / x)
```

Out

$$-\sqrt{\frac{1}{x}}+\frac{1}{\sqrt{x}}$$

从清单4.7中可以看到，如果符号对象中设置了假设，那么程序就可以根据这一假设对数学公式进行简化。

清单 4.7

In

```
x = symbols('x', positive=True)

1 / sqrt(x) - sqrt(1 / x)
```

Out
```
0
```

4.2.2 特殊常量的符号

SymPy 中提供了大量对如圆周率 π 这样在数学中频繁出现的常量、无穷∞等特殊数学符号的支持。SymPy 中提供支持的特殊常量的符号见表4.2。

表4.2 特殊常量符号的示例

符　号	说　　明
pi	圆周率π
E	纳皮尔常数e
I	虚数单位i
oo	无穷∞

作为符号的示例，我们在清单 4.8 中对 cosπ 进行计算。

清单 4.8　　特殊常量符号的示例

In
```
cos(pi)
```

Out
```
-1
```

🔷 4.2.3 函数的符号

SymPy 中还提供了专门用于表示数学函数的 Function 类。请注意，这个函数与 Python 中使用 def 命令所创建的函数是完全不同的概念。与创建符号对象类似，创建函数是向 Function 类传递需要创建的函数名称的字符串类型的参数（见清单4.9）。创建生成的 UndefinedFunction 对象表示的是还未进行具体定义的函数对象。此外，也可以在函数的符号对象中指定假设条件。

清单 4.9　Function 类的实例①

In

```
f = Function('f')

print(f)
print(type(f))
```

Out

```
f
<class 'sympy.core.function.UndefinedFunction'>
```

我们也可以在 UndefinedFunction 对象中设置函数的独立变量。如清单4.10所示，在参数中指定的符号对象变成了函数的独立变量。函数的独立变量可以通过 free_symbols 属性进行确认。

清单 4.10　Function 类的示例②

In

```
x, y = symbols('x y')
f = Function('f')(x, y)

f.free_symbols
```

Out

```
{x, y}
```

此外，对于三角函数、指数函数等标准的数学函数，在 SymPy 中是以执行特定处理的函数进行定义的。SymPy 中提供支持的数学函数，可以在官方网站的文档中进行查阅。

在 SymPy 的数学函数的参数中指定数值和符号对象，就可以得到相应的运算结果的返回值（见清单4.11）。

清单 4.11 SymPy 数学函数的示例

In

```
exp(x) + exp(I * pi)
```

Out

$e^x - 1$

4.3 SymPy的数值类型

在本节中，我们将对 SymPy 数值类型的相关知识进行讲解。

🔷 4.3.1 整数

SymPy 中可以处理的数值类型包括整数（Integer）型、浮点（Float）型和分数（Rational）型。Integer 对象的创建方法如清单 4.12 所示。此外只要内存容量允许，SymPy 还可以用于处理非常大的整数。

清单 4.12　Integer 类型的示例

In

```
from sympy import *

x = Integer(5)

print(x)
print(type(x))
```

Out

```
5
<class 'sympy.core.numbers.Integer'>
```

SymPy 的数值类型也与 Python 的数值类型一样，既可以使用算术运算符进行基本的数学运算，也可以将 SymPy 与 Python 的数值类型混合在一起进行计算。不过，只要公式中包含一个以上的 SymPy 对象，计算所返回的结果就一定是 SymPy 对象。如果包括 SymPy 的整数类型在内的除法运算的结果无法整除，返回的将是分数类型的值（见清单 4.13 ）。

清单 4.13　SymPy 整数类型的计算示例

In

```
y = x / 3
```

```
print(y)
print(type(y))
```

Out

```
5/3
<class 'sympy.core.numbers.Rational'>
```

🔷 4.3.2 浮点数

SymPy 中的浮点数是使用 Float 类来表示的。Float 对象的创建方法如清单 4.14 所示，在 Float 类的第 2 个参数中可以指定数值的精度（有效数字的位数）。

清单 4.14　　Float 类的示例①

In

```
x = Float(1.1, 5)
x
```

Out

```
1.1
```

如果将 Python 的浮点数传递给 Float 类型，并将精度设置为较大的值，就可能出现如清单 4.15 所示的由于舍入误差的影响而导致的无法达到期望精度的问题。在这种情况下，可以通过直接指定表示小数点数的字符串作为参数来解决。

清单 4.15　　Float 类的示例②

In

```
# 包含舍入误差
print(Float(0.2, 20))

# 不包含舍入误差
print(Float('0.2', 20))
```

Out

```
0.200000000000000001110
0.20000000000000000000
```

在对精度不同的浮点数进行运算时，请注意精度较低的数所包含的误差，会对计算结果产生影响的问题（见清单4.16）。在显示计算结果时，则是采用较高的精度进行显示。

清单 4.16　　SymPy 浮点数类型的计算示例

In

```
Float('2', 10) + Float('0.2', 3)
```

Out

```
2.200012207
```

 4.3.3　分数

分数是使用Rational类来表示的。可以在参数中指定分子和分母的数值，也可以使用表示分数的字符串进行指定（见清单4.17）。

清单 4.17　　Rational 类的示例①

In

```
# 也可以使用Rational(1, 3)
Rational('1/3')
```

Out

$$\frac{1}{3}$$

如清单4.18所示，创建的分数会通过自动约分表现为更简洁的形式。

清单 4.18　　Rational 类的示例②

In

```
Rational(2, 6)
```

Out

$$\frac{1}{3}$$

　　分数类型也与其他数值类型一样，可以使用算术运算符进行基本的算术运算（见清单4.19）。

清单 4.19　　分数类型的计算示例

In

```
x = Rational(4, 3)
y = Rational(1, 2)

x + y
```

Out

$$\frac{11}{6}$$

4.4 数学公式的基本操作

> 在本节中，我们将对SymPy 数学公式的概要和数值带入到变量中等基本的操作进行讲解。

4.4.1 数学公式

通过使用SymPy 的符号对象、数值类型和算术运算符等，可以实现对数学公式的表示。清单4.20 中显示的是如何创建$2x^3 + 5x - 4$这一数学公式。

清单 4.20 　　SymPy 数学公式的表示

In
```
from sympy import *

x = symbols('x')

eq = 2 * x**3 + 5 * x  - 4
eq
```

Out
$$2x^3 + 5x - 4$$

SymPy 的数学公式实际上是由各子对象所组成的一个树状结构。通过args属性可以对构成数学公式的各个子对象进行访问。清单4.21 中显示了如何访问构成eq 的子对象。

清单 4.21 　　args 属性的示例

In
```
print(eq.args)
print(eq.args[2].args)
```

Out

```
(-4, 2*x**3, 5*x)
(5, x)
```

🔷 4.4.2 代入

我们可以将数学公式中所包含的符号对象替换成其他的符号对象或数值。这个操作可以通过 subs 方法或 replace 方法来实现。一般使用 subs 方法就足够了，不过如果需要将数学公式中的函数替换成其他函数就需要使用 replace 方法。

如清单 4.22 所示，在 subs 方法的第一个参数中可以指定符号对象或数学公式；在第二个参数中则是指定用于替换的对象。下面的示例是将数学公式中所包含的 x 替换成 y。

清单 4.22   subs 方法的示例①

In

```
y = symbols('y')

(x + x * y).subs(x, y)
```

Out

$y^2 + y$

如果需要一次性执行多个代入操作，则可以集中到字典对象中进行指定（见清单 4.23）。

清单 4.23   subs 方法的示例②

In

```
z = symbols('z')

(x + y).subs({x: z**2, y: sqrt(z)})
```

Out

$\sqrt{z} + z^2$

如清单4.24所示，将数值代入到符号对象中，就可以使用数学公式计算数值。

清单 4.24 subs 方法的示例③

In
```
(x + y + z).subs({x: 0.1, y: 0.3, z: 0.5})
```

Out
```
0.9
```

4.4.3 数值计算

对于包含常量的数学公式，调用evalf 方法就可对公式的数值进行计算，并返回由SymPy 的浮点数对象所构成的结果（见清单4.25）。此外，使用N 函数也可以对数学公式的数值进行计算。浮点数的精度可以在参数中进行指定，默认是使用15 位的精度。

清单 4.25 evalf 方法的示例

In
```
eq = pi / 2
print(eq)

# print(N(eq)) 也可以
print(eq.evalf())
```

Out
```
pi/2
1.57079632679490
```

如果需要将各种数值代入到数学公式的变量中进行计算，可以使用lambdify 函数。这个函数会自动根据SymPy 的数学公式生成Python 的函数。在其第一个参数中可以指定作为函数参数的符号对象；在第二个参数中可以指定所使用的数学公式。清单4.26 中显示的是如何生成计算 $x^2 + 1$ 的函数。

In

```
eq = x**2 + 1
eqf = lambdify(x, eq)

eqf(2)
```

Out

```
5
```

也可以如清单 4.27 所示，将 NumPy 的数组传递给生成的函数，并对数组中的各个元素的函数值进行计算。

清单 4.27　　　lambdify 函数的示例②

In

```
import numpy

as np arr = np.arange(5)

eqf(arr)
```

Out

```
array([ 1,  2,  5, 10, 17], dtype=int32)
```

4.4.4　方程式的求解

SymPy 中是使用 solveset 函数对方程式进行求解的。在 solveset 函数的参数中所指定的数学公式被认为等于 0。如清单 4.28 中显示的是对只包含单一变量的一元方程 $x^2 = 1$ 进行求解。如果将方程中所有的项都移到左边，则可得到 $x^2 - 1 = 0$，因此参数中指定的是 x**2-1。

清单 4.28　　　solveset 函数的示例①

In

```
solveset(x**2 - 1)
```

基于SymPy的代数计算

Out

```
{-1, 1}
```

SymPy 中提供了专门用于表示方程式的 Eq 类。可以在 Eq 类的参数中分别指定方程式左边和右边的项。使用这个方式可以如清单 4.29 所示对方程式进行求解。

清单 4.29　　solveset 函数的示例②

In

```
expr = Eq(x**2, 1)

solveset(expr)
```

Out

```
{-1,1}
```

如果公式中包含多个符号对象，则需要在第 2 个参数中指定对哪个符号进行求解（见清单 4.30）。

清单 4.30　　solveset 函数的示例③

In

```
a, b = symbols('a, b')

solveset(a * x + b, x)
```

Out

$$\left\{ -\frac{b}{a} \right\}$$

很多方程式是无法使用代数方法求解的。对于无法用代数方法进行求解的方程式，SymPy 会返回可以进行数值计算的 ComplexRootOf 对象。这个对象可以使用 evalf 等函数进行数值计算，并求得数值解（近似解）（见清单 4.31）。

清单 4.31　　solveset 函数的示例④

In

```
ans = solveset(x**5 - x - 1, x)

print(ans)
print([i.evalf() for i in ans])
```

Out

```
FiniteSet(CRootOf(x**5 - x - 1, 0), CRootOf(x**5 - x - 1, 1), ➡
CRootOf(x**5 - x - 1, 2), CRootOf(x**5 - x - 1, 3),➡
CRootOf(x**5 - x - 1, 4))
[1.16730397826142, -0.764884433600585 - ➡
0.352471546031726*I, -0.764884433600585 + ➡
0.352471546031726*I, 0.181232444469875 - ➡
1.08395410131771*I, 0.181232444469875 + ➡
1.08395410131771*I]
```

　　如果方程式是无解方程，则会返回EmptySet 对象，并显示表示空集合的符号（见清单4.32）。

清单 4.32　　solveset 函数的示例⑤

In

```
solveset(exp(x))
```

Out

```
∅
```

　　另外，如果没有找到方程式的求解方法，则会返回ConditionSet 对象，并使用集合符号对方程式的解的集合进行表示（见清单4.33）。

清单 4.33　　solveset 函数的示例⑥

In

```
solveset(exp(x) + log(x), x)
```

Out

$\{x \mid x \in \mathbb{C} \wedge e^x + \log(x) = 0\}$

　　如果需要对联立方程式进行求解，可以使用 linsolve 函数和 nonlinsolve 函数。如果方程式是线性的就使用 linsolve 函数；如果方程式是非线性的则使用 nonlinsolve 函数。我们可以在这些函数的参数中指定包含方程式和变量的列表。清单 4.34 和清单 4.35 分别显示了对线性和非线性方程式的求解方法。

清单 4.34　linsolve 函数的示例

In

```
eq1 = x + y - 7
eq2 = -3 * x - y + 5

linsolve([eq1, eq2], [x, y])
```

Out

```
{(-1, 8)}
```

清单 4.35　nonlinsolve 函数的示例

In

```
eq3 = x * y - 1
eq4 = x - 2

nonlinsolve([eq3, eq4], [x, y])
```

Out

$$\left\{\left(2, \frac{1}{2}\right)\right\}$$

4.5 数学公式的简化

在本节中，我们将对数学公式的简化方法进行讲解。

🔷 4.5.1 simplify 函数

将数学公式转化为简洁的表达形式的操作被称为数学公式的简化。SymPy 中用于简化公式操作的主要函数见表4.3。这些函数也可以作为数学公式对象的方法进行调用。一般使用较多的是 simplify 函数，如果需要对简化方法进行明确指定，则需要使用其他几个函数。

表4.3　用于简化公式的主要函数

函　数	说　明
simplify	使用各种不同方法和手段对公式进行简化
trigsimp	使用三角函数公式对公式进行简化
powsimp	使用幂法则对公式进行简化
radsimp	通过分母有理化对公式进行简化

作为示例，我们在清单4.36中定义了一个数学公式。

清单 4.36　数学公式的生成

In

```
from sympy import *

x = symbols('x')

eq = x**2 - x + x * (x + 6) + (1 - cos(2 * x)) / 2
eq
```

Out

$$x^2 + x(x+6) - x - \frac{\cos(2x)}{2} + \frac{1}{2}$$

执行清单 4.37 中的代码，上述数学公式就被 simplify 函数进行了简化。另外，经过简化的公式是作为一个新的公式对象创建的，因此不会对原有公式对象产生影响。

simplify 函数的示例

In
```
# eq.simplify() 也可以
simplify(eq)
```

Out
$2x^2 + 5x + \sin^2(x)$

4.5.2 多项式的简化

当使用 simplify 函数无法对指定的公式实现预期的简化操作时，就需要通过特定的方法使用对公式进行变形的函数。这些函数也可以作为公式对象的方法进行调用。接下来，我们将对多项式的变形函数进行介绍。

可以对多项式进行展开的函数是 expand。其默认的行为是将公式中的各个项尽量展开为简单的和的形式。清单 4.39 中显示了对清单 4.38 中所定义的多项式进行展开的操作。

清单 4.38 数学公式的创建

In
```
eq = x * (2 * x + 1) * (x - 3)
eq
```

Out
$x\,(x - 3)\,(2x + 1)$

清单 4.39 expand 函数的示例①

In
```
expand(eq)
```

Out

$$2x^3 - 5x^2 - 3x$$

而且，我们还可以通过关键字参数对公式的展开方法进行选择。例如，在trig参数中指定True，函数就会使用三角函数公式对所指定的公式进行展开（见清单4.40）。此外，SymPy也提供了对应这个关键词参数的expand_trig函数，无论采用哪种方式都是可以的，得到的结果都相同。

清单4.40　　expand函数的示例②

In
```
y = symbols('y')

expand(cos(x + y), trig=True)
```

Out

$$-\sin(x)\ \sin(y) + \cos(x)\ \cos(y)$$

与展开操作相反，对多项式进行因数分解则是使用factor函数（见清单4.41）。

清单4.41　　factor函数的示例

In
```
factor(2*x**2 + 5*x + 3)
```

Out

$$(x + 1)\ (2x + 3)$$

如果需要将指定数学公式的变量进行集中，则可以使用collect函数。这个函数负责将公式变形为所指定的变量幂乘的和的形式。另外，也可以将多个变量集中到一个列表中同时进行指定。清单4.43中显示的是对清单4.42中所定义的多项式针对变量x进行整理。

清单 4.42   数学公式的创建

In

```
z = symbols('z')

eq = expand((2 * x + x * y + 3 * z) ** 2)
eq
```

Out

$$x^2 y^2 + 4x^2 y + 4x^2 + 6xyz + 12xz + 9z^2$$

清单 4.43   collect 函数的示例

In

```
collect(eq, x)
```

Out

$$x^2 (y^2 + 4y + 4) + x(6yz + 12z) + 9z^2$$

4.5.3 有理式的简化

对于有理式（分式）可以使用 apart 函数进行部分分式分解。如果有理式中包含多个变量，则可以指定是对哪个变量进行分解。

清单 4.45 中显示的是对清单 4.44 中所定义的有理式关于 x 进行分解的方法。

清单 4.44   数学公式的创建

In

```
eq1 = x * y / ((x + 1) * (y + 1))
eq1
```

Out

$$\frac{xy}{(x+1)(y+1)}$$

清单 4.45　　apart 函数的示例

In

```
eq2 = apart(eq1, x)
eq2
```

Out

$$\frac{y}{y+1} - \frac{y}{(x+1)(y+1)}$$

反过来，如果需要对有理式进行通分，则可以使用together 函数。清单4.46中显示的是对经过部分分式分解的公式进行通分，并得到原有公式的过程。

清单 4.46　　together 函数的示例

In

```
together(eq2)
```

Out

$$\frac{xy}{(x+1)(y+1)}$$

另外，如果需要进行约分，可以使用cancel 函数（见清单4.47）。

清单 4.47　　cancel 函数的示例

In

```
eq = (x*y**2 - 2*x*y*z + x*z**2 + y**2 - 2*y*z + z**2)/
    (x**2 - 1)
cancel(eq)
```

Out

$$\frac{y^2 - 2yz + z^2}{x - 1}$$

4.6 SymPy的矩阵类型

> 在本节中，我们将对SymPy矩阵类型的相关知识进行讲解。

4.6.1 矩阵的创建

Sympy中使用Matrix类可以实现对矩阵和向量的处理。在参数中可以如清单4.48中指定由符号对象或数值等元素所组成的列表。此外，也可以通过传递NumPy数组的方式来创建矩阵。

清单4.48 Matrix类的示例①

In
```
from sympy import *

a, b = symbols('a, b')

Matrix([[0, a],
        [b, 1]])
```

Out
$$\begin{bmatrix} 0 & a \\ b & 1 \end{bmatrix}$$

SymPy的Matrix对象只能创建二维以上的数据结构。如果像清单4.49中指定一维的列表，结果就会得到一个列向量（$x \times 1$的矩阵）。

清单4.49 Matrix类的示例②

In
```
Matrix([-1, 1])
```

Out

$$\begin{bmatrix} -1 \\ 1 \end{bmatrix}$$

与 NumPy 类似，SymPy 中也提供了 zeros 函数、eye 函数等常用的矩阵构建函数（见清单 4.50）。

清单 4.50　eye 函数的示例

In

```
eye(3)
```

Out

$$\begin{bmatrix} 1 & 0 & 0 \\ 0 & 1 & 0 \\ 0 & 0 & 1 \end{bmatrix}$$

4.6.2　矩阵的基本运算

如果两个矩阵的形状相同，就可以对二者进行加减运算，将矩阵中对应的元素的值进行计算（见清单 4.51）。

清单 4.51　矩阵加法

In

```
M1 = Matrix([[0, 1],
             [-1, 2]])
M2 = Matrix([[3, 2],
             [1, 0]])

M1 + M2
```

Out

$$\begin{bmatrix} 3 & 3 \\ 0 & 2 \end{bmatrix}$$

基于SymPy的代数计算

在SymPy 矩阵中使用"*"运算符，并不是以矩阵的元素为单位进行乘法运算，而是进行矩阵的乘积运算。因此，矩阵和向量的乘积都是使用"*"运算符来实现的（见清单4.52）。

清单4.52　矩阵和向量的乘积

In

```
v = Matrix(symbols('x, y'))
M1 * v
```

Out

$$\begin{bmatrix} y \\ -x + 2y \end{bmatrix}$$

SymPy 还为矩阵对象提供了各种各样的属性，可以用于对矩阵的变形操作。例如，清单4.53 中展示了如何通过属性T 获取转置矩阵。

清单4.53　属性 T 的示例

In

```
M1.T
```

Out

$$\begin{bmatrix} 0 & -1 \\ 1 & 2 \end{bmatrix}$$

1
2
3
4
5
6
7
8
9

基于Matplotlib的数据可视化

在本章中，我们将对Matplotlib 中基本的图表绘制功能进行讲解。

Matplotlib 的准备

> 在本节中，我们将对 Matplotlib 的概要和使用方法进行讲解。

🔵 5.1.1 何谓 Matplotlib

为了观察数据所具有的特征，将数据绘制（plot）成图表是一项非常重要的工作。Matplotlib 是用于在 Python 中绘制图表的软件库。由于其功能丰富且可以绘制高品质的图表，因此是 Python 中绘制图表的首选软件库。除此之外，Matplotlib 还可在 Jupyter Notebook 中使用，使用它绘制的图表可以在 Notebook 中实时显示。

🔵 5.1.2 Matplotlib 的导入

Matplotlib 是由多个模块构成的。其中，用于绘制图表的函数都集中在 matplotlib.pyplot 模块中，通常我们将这个模块以 plt 的名称进行导入（见清单 5.1）。

> **清单 5.1**　matplotlib.pyplot 的导入

In

```
import matplotlib.pyplot as plt
```

Matplotlib 可用于在 GUI 应用程序中绘制内嵌图表，或者单纯用于将图形绘制成静态图像，它可以根据各种不同的用途输出不同的格式。我们将负责执行图表的绘制，以及输出这类后台任务的组件称为后端，在实际开发中需要根据用途的不同选择后端。

如果在 Jupyter Notebook 中导入 matplotlib.pyplot 模块，负责将图表显示为静态图像的后端就会被启用，后续在单元格中创建的图表，就会被自动显示在单元格的下方。但是，在使用旧版本的 IPython 和 Matplotlib 时，要启用后端功能，还需要执行名为 %matplotlib inline 的命令。

🔷 5.1.3　Matplotlib 的设置

Matplotlib 的默认设置是由可以通过 plt.rcParams 进行访问的对象负责管理的。这一对象与字典类型类似，可以采用清单5.2所示的方法对设置项目的值进行访问，如果使用赋值语句，还可以对设置项目的值进行变更。另外，如果要将项目的值恢复成默认值则需要调用plt.rcdefaults 函数。

清单 5.2　确认设置项目的值

In

```
plt.rcParams['lines.linewidth']
```

Out

```
1.5
```

设置项目的值还可以使用名为 matplotlibrc 的文件来修改。Matplotlib 会将写入这个文件的值作为设置项目的默认值。如果认为每次使用 Matplotlib 都需要用plt.rcParams 来设置会比较麻烦，建议使用 matplotlibrc 文件。

使用 matplotlibrc 文件时，为了查找当前使用的 matplotlibrc 文件的路径，需要执行清单5.3中的代码。

清单 5.3　当前使用的 matplotlibrc 文件

In

```
import matplotlib

matplotlib.matplotlib_fname()
```

Out

```
'C:¥¥Users¥¥mydev¥¥Anaconda3¥¥lib¥¥site-packages¥¥ ➡
matplotlib¥¥mpl-data¥¥matplotlibrc'
```

然后，再执行清单5.4 中的代码，查找用于保存设置文件的文件夹所在的位置。然后再将刚才找到的matplotlibrc 文件复制到这个文件夹内。并使用文本编辑器等软件打开复制后的文件，将需要使用的设置项目注释并设置新的值。

清单 5.4 matplotlibrc 文件的保存路径

In

```
matplotlib.get_configdir()
```

Out

```
'C:¥¥Users¥¥mydev¥¥.matplotlib'
```

与图表外观相关的各种设置都集中在名为样式表的文件中，这些设置可以简单地进行切换。Matplotlib 中提供了很多样式表，我们可以使用清单 5.5 中的代码对能够使用的样式表进行确认。指定使用某一样式，可以通过调用 plt.style.use 方法来实现。

清单 5.5 可用的样式表一览

In

```
# 由于可用的样式表太多，因此这里只显示5个
plt.style.available[:5]
```

Out

```
['bmh', 'classic', 'dark_background', 'fast', ➡
'fivethirtyeight']
```

5.2 基础图表的绘制

> 在本节中，我们将对使用 Matplotlib 绘制图表的基本步骤进行讲解。

5.2.1 简单的二维图表

Matplotlib 的图表由 Figure 对象和其中所包含的多个 Axes 对象所组成。其中，Figure 对象表示图表整体的绘制区域；而 Axes 对象则表示某一个图表的绘制区域（坐标系）。当我们需要将多个图表并列排放时，可以通过在一个 Figure 中设置多个 Axes 对象来实现。

Figure 可以使用 plt.figure 等函数创建。可以通过指定关键字参数，对图的尺寸和背景颜色等信息进行设置，plt.figure 函数的主要关键字参数见表 5.1。但是，对于每个图表的坐标轴、刻度及线条格式等内容，则需要使用 Axes 对象的方法进行设置。

表 5.1　plt.figure 函数的主要关键字参数

参　　数	说　　明
figsize	宽度和高度［以英寸（in）单位］
dpi	点分辨率
facecolor	背景颜色

图像的分辨率可以使用 dpi 参数设置。dpi（dots per inch）表示每英寸中所包含的像素点的数量，dpi 和 figsize 的值相乘所得的值就是输出图像的像素尺寸。当前的 figsize 和 dpi 的值可以使用清单 5.6 中的代码进行确认。

清单 5.6　确认图的尺寸和 dpi

In

```
import matplotlib.pyplot as plt
```

```
print(plt.rcParams['figure.figsize'])
print(plt.rcParams['figure.dpi'])
```

Out

```
[6.0, 4.0]
72.0
```

　　我们可以使用add_axes方法在Figure中添加新的Axes 。可以在这个方法的参数中使用元组对Axes 的位置和大小进行指定。其中，位置以绘图区域的左下为基准点，右上角的坐标是（1, 1），并根据绘图区域的宽度和高度的比例指定大小。

　　接下来，将尝试绘制基本的二维图表（见清单5.7）。将用于绘制图表的数据传递给Axes 的plot 方法，就可以绘制出折线图。如果重复调用plot 方法，绘制出的图表就会重叠在一起。

　　根据所使用的后端，可以执行plt.show 函数来实现图表的显示。不过，Jupyter Notebook 中默认使用的后端是无须调用plt.show 函数的。

清单 5.7　　使用 plot 方法绘制最基本的图表

In

```
import numpy as np

# 创建数据点的x坐标和y坐标的数组
x = np.linspace(0, 2 * np.pi, 100)
y = np.sin(x)

# 创建Figure对象
fig = plt.figure()

# 添加Axes对象
# 坐标(0.15, 0.1), 宽70%, 高80%
ax = fig.add_axes((0.15, 0.1, 0.7, 0.8))

# 绘制折线图
ax.plot(x, y)
```

基于Matplotlib的数据可视化

Out

```
[<matplotlib.lines.Line2D at 0x160bf576b88>]
```

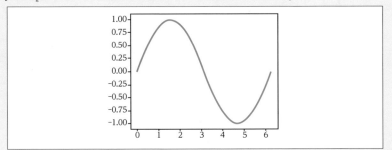

使用前面讲解过的add_axes方法，可以直接指定需要添加的Axes的位置及大小。但是，如果要对多个图表以等间距进行排列时，使用这个方法则不太方便。因此，Matplotlib中提供了多个可以简单对Axes进行配置的布局管理器。建议平时可以使用其中方便使用的plt.subplots函数。这个函数会默认创建一个新的Figure和Axes（见清单5.8）。调用其创建的Axes对象的绘图方法，就可以实现对图表的绘制。

清单5.8　plt.subplots函数的使用示例

In

```
fig, ax = plt.subplots()
ax.plot(x, np.sinc(x))
ax.plot(x, np.sinc(2 * x))
```

Out

```
[<matplotlib.lines.Line2D at 0x160bfd2ca48>]
```

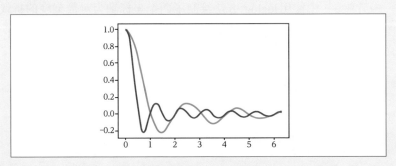

> **MEMO**
>
> **面向对象的格式**
>
> Matplotlib 中包含两种不同的编程风格。本书中所讲解的是使用面向对象 API 的编程风格。使用这一风格可以简单绘制复杂的图表，因此笔者建议大家使用这种风格编写代码。

5.2.2　各类绘图方法

Matplotlib 中提供了各种各样的绘制二维图表的方法（见表5.2）。此外，Matplotlib 中所有的绘图方法，都可以使用NumPy 的数组数据对图表进行绘制。

表5.2　主要的二维绘图方法

方　法	说　明
plot	折线图
loglog	双对数曲线图
scatter	散点图
bar	条形图
errorbar	误差条形图
hist	直方图
pie	饼形图

清单5.9 中使用loglog 方法绘制了两个坐标轴为对数刻度的折线图。我们还可以在使用plot 方法绘制图表之后，调用ax.set_xscale（'log'）命令来执行对刻度的变更操作。

清单 5.9　双对数曲线图的示例

In

```
x = np.logspace(-1, 2, 100)
y = np.exp(x)
```

```
fig, ax = plt.subplots()
ax.loglog(x, y)
ax.grid()
```

Out

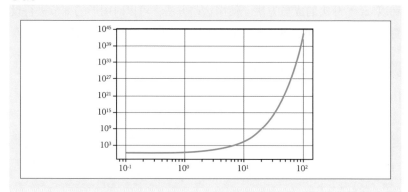

5.2.3　图表的保存

　　将绘制的图表作为图像文件进行保存时，可以使用fig.savefig方法。该方法可以在这个方法中指定文件名和关键字参数（见表5.3）。

表5.3　fig.savefig方法主要的关键字参数

参　　数	说　　明
dpi	点分辨率
facecolor	背景颜色
format	输出文件的格式

　　执行清单5.10中的代码，可以将图表保存到当前执行的Jupyter Notebook的文件夹中。输出文件的格式可以通过文件的扩展名来自动识别，也可以使用format参数对其进行指定。虽然根据使用的后端不同，输出文件的格式也会不同，但是可以指定的文件格式包括PNG、JPEG、PDF、SVG等。如果不对格式进行指定，dpi中就会使用Figure中的值。facecolor的默认值是白色，在清单5.10的示例中，使用fig.get_facecolor方法获取图的背景颜色并对其进行指定。

此外，将与plt.figure 函数相同的关键字参数传递给plt.subplots 函数，可以对图的大小和背景颜色进行设置。如清单5.10所示，使用facecolor 参数设置了图的背景颜色。

此外，Matplotlib 中的大多数对象，还提供了大量的set 成员方法和以set_* 开头的成员方法。使用这些方法，可以对图形的细节进行设置。例如，使用fig.set_facecolor（'gray'）也可以设置背景颜色。

清单 5.10　　使用 fig.savefig 方法保存图表的示例

In

```
x = np.linspace(0, 2 * np.pi, 100)
y = np.cos(x)

fig, ax = plt.subplots(facecolor='gray')
ax.plot(x, y)

# 保存图表
fig.savefig(r'savefig.png', facecolor=fig.get_facecolor())
```

Out

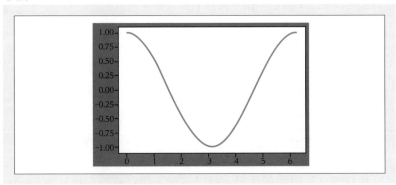

5.3 多个图表的排列

在本节中，我们将对多个图表排列表示的方法进行讲解。

◆ 5.3.1 在网格中排列图表

当我们只需要将多个图表单纯地排列成网格形状时，可以使用 plt. subplots 函数。在这个函数中指定需要排列的图表的行数和列数，就可以绘制出相应的 Axes。Axes 会根据图表的布局集中存放在 NumPy 的数组中，其中的各个 Axes 可以使用索引进行访问。

清单 5.12 中横向并列排放了两个图表。如这个示例一样，在一行中并列排放多个图表时，函数所生成的 Axes 的数组就是一维数组。可以使用 axs[0] 这样的形式获取其中的 Axes 对象，并调用对象的绘图方法。

如清单 5.12 所示，使用 subplot_kw 参数，可以对绘制的所有 Axes 进行各种详细的设置。这个清单的示例中是将所有图表的背景颜色设置为 'aqua'。

清单 5.11　matplotlib.pyplot 的导入

In

```
import matplotlib.pyplot as plt
```

清单 5.12　plt.subplots 函数的示例①

In

```
import numpy as np

x = np.linspace(0, 2 * np.pi, 100)

# 将图表排列成1行2列
# axs为NumPy的数组
fig, axs = plt.subplots(1, 2, figsize=(8, 4),
                        facecolor='gray',
                        subplot_kw={'facecolor': 'aqua'})
```

```
# 绘制各个图表
axs[0].plot(x, np.sin(x))
axs[1].plot(x, np.cos(x))
```

Out

```
[<matplotlib.lines.Line2D at 0x160bfee9308>]
```

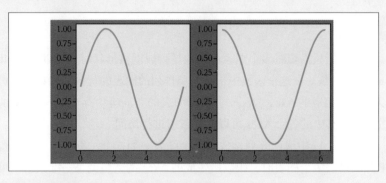

当标签或者标题超出绘制区域时，我们就需要对图表的位置或大小进行调整。在 plt.subplots 函数中指定 constrained_layout=True 或者指定 tight_layout=True 参数，布局就会自动进行调整，使图表之间的间距或图表周围的余白调整到合适的比例（见清单 5.13）。其中，constrained_layout 是功能非常丰富的参数，但是在撰写本书时它还处于测试阶段，今后其行为特性等方面可能会有所变化。

如果需要进一步调整图表之间的间距等设置，可以使用 figset_constrained_layout_pads 方法。图表之间的间距可以使用 hspace 和 wspace 参数进行指定，图表周围的余白可以使用 h_pad 和 w_pad 参数以英寸为单位进行指定。

此外，如果不使用 constrained_layout 等参数进行调整，还可以使用 fig. subplots_adjust 方法对余白等设置进行调整。

清单 5.13   plt.subplots 函数的示例②

In

```
fig, axs = plt.subplots(1, 2, figsize=(8, 4),
                        constrained_layout=True)
```

```
# 使用constrained_layout，标签就不会重叠
axs[0].plot(x, np.sin(x))
axs[0].set_ylabel('ylabel')
axs[1].plot(x, np.cos(x))
axs[1].set_ylabel('ylabel')
```

Out

```
Text(0, 0.5, 'ylabel')
```

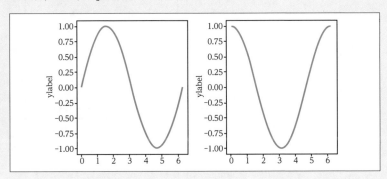

如清单5.14所示，我们还可以将图表排列成两行甚至多行。在这种情况下，可以使用axs[0, 0] 语句指定行和列的索引对图表进行绘制。使用sharex 和sharey 参数，可以使多个图表共用同一个刻度。

清单 5.14   plt.subplots 函数的示例③

In

```
# 将图表排列成2行2列
fig, axs = plt.subplots(2, 2, figsize=(8, 6),
                        sharex=True, sharey=True,
                        constrained_layout=True)

# 绘制各个图表
axs[0, 0].plot(np.sin(x), np.cos(x))
axs[0, 1].plot(np.sin(x), np.cos(2 * x))
axs[1, 0].plot(np.sin(x), np.cos(3 * x))
axs[1, 1].plot(np.sin(x), np.cos(4 * x))
```

```
# 使用了for语句的复杂写法
# for i, ax in enumerate(axs.flat, 1):
# ax.plot(np.sin(x), np.cos(i * x))
```

Out

```
[<matplotlib.lines.Line2D at 0x160c01e19c8>]
```

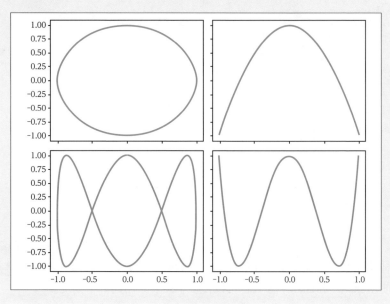

🎲 5.3.2　复杂的布局

　　这里将对使用plt.subplots 函数无法绘制的、布局复杂的图表的排列方法进行讲解。

　　如清单5.15所示，调用fig.add_gridspec 方法即可创建 GridSpec 对象。假设我们需要将整个区域划分成网格形状，那么可以在参数中对行数和列数进行指定。在这个示例中需要将整个区域分割成2行3列。然后再对分割后的区域的大小比例使用width_ratios 和 height_ratios 参数进行设置。这里指定的宽度比为1：1：2，高度比为1：3。

　　然后，使用生成的 GridSpec 对象指定在完成分割后的哪个区域中绘制图表。例如，gs[:, 2] 是指横跨第3列中所有的行进行图表的绘制。

清单 5.15   fig.add_gridspec 方法的示例

In

```
fig = plt.figure(figsize=(8, 6), constrained_layout=True)

# 创建GridSpec对象
gs = fig.add_gridspec(2, 3, width_ratios=[1, 1, 2],
                      height_ratios=[1, 3])

# 创建Axes对象
ax1 = fig.add_subplot(gs[0, 0])
ax2 = fig.add_subplot(gs[0, 1])
ax3 = fig.add_subplot(gs[1, :2])
ax4 = fig.add_subplot(gs[:, 2])

ax1.set_title('gs[0, 0]')
ax2.set_title('gs[0, 1]')
ax3.set_title('gs[1, :2]')
ax4.set_title('gs[:, 2]')
```

Out

```
Text(0.5, 1.0, 'gs[:, 2]')
```

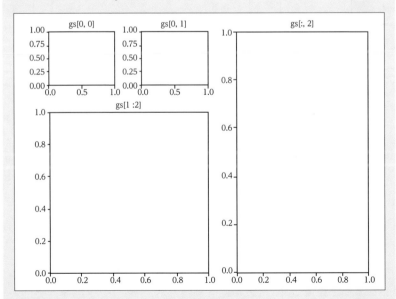

如清单 5.16 所示，使用 plt.subplots 函数也可以对各个图表的宽度和高度的比例进行设置。将 width_ratios 和 height_ratios 的值集中起来，作为字典对象传递给 gridspec_kw 参数即可实现。

清单 5.16   使用 subplots 函数设置图表的宽度和高度的比例

In

```
gs_kw = {'width_ratios': [1, 3], 'height_ratios': [1, 2]}
fig, axs = plt.subplots(2, 2, figsize=(8, 6),
                        gridspec_kw=gs_kw,
                        constrained_layout=True)
```

Out

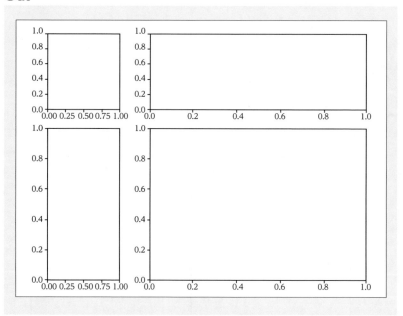

5.4 线条和标识的设置

> 在本节中，我们将对图表的线条及标识的样式的设置方法进行讲解。

🔷 5.4.1 线条的样式

绘制图表的线条及标识的样式，可以通过对象的各个绘图成员方法的参数进行设置。这里将以 plot 方法为例，对这些样式的设置方法进行讲解。

清单 5.18 中设置的是线条的种类和宽度。需要将线条种类的设置字符（如 '--'）指定到 plot 方法的参数中。此外，线条的宽度可以使用 lw 参数进行指定。

清单 5.17　matplotlib.pyplot 的导入

In

```
import matplotlib.pyplot as plt
```

清单 5.18　线条的种类、宽度的设置示例

In

```
import numpy as np

x = np.linspace(0, 2 * np.pi, 100)
y = np.sin(x)
y1 = y + 1
y2 = y + 2

fig, ax = plt.subplots(constrained_layout=True)
ax.plot(x, y, '-.', lw=1.5, label='dashdot')
ax.plot(x, y1, '--', lw=2.5, label='dashed')
ax.plot(x, y2, '..', lw=4, label='dotted')
ax.legend()
```

```
<matplotlib.legend.Legend at 0x160bfde1f48>
```

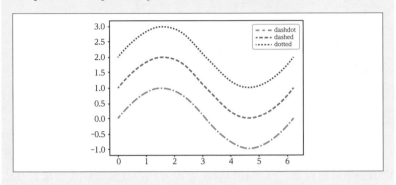

在同一坐标系中重叠绘制图表时，程序会自动为线条分配颜色。线条的颜色会根据设置好的色相环进行循环；而色相环可以使用 plt.rcParams['axes.prop_cycle'] 进行确认及设置。默认是使用由 Tableau 工具开发的 10 种颜色的调色板。

线条主要的颜色（如'k'）等可以使用调色板的索引（如'C1'）指定字符来进行指定。这些字符可以像'k--'这样，与线条种类的指定字符组合在一起使用（见清单 5.19）。

除此之外，还可以对灰色的色调（如'0.5'），由 X11/CSS4 所定义的颜色名称（如'gray'）及默认调色板的颜色（如'tab:blue'）等进行指定。对颜色的指定还可以使用 c 参数，在这种情况下，也可以使用表示 RGB 值的元组［如（0, 0, 1）］来指定。

清单 5.19　　线条颜色的设置示例

In

```
fig, ax = plt.subplots(constrained_layout=True)
ax.plot(x, y, 'k--')
ax.plot(x, y1, c=(0, 0, 1))
ax.plot(x, y2, 'gray')
```

Out

```
[<matplotlib.lines.Line2D at 0x160bfee38c8>]
```

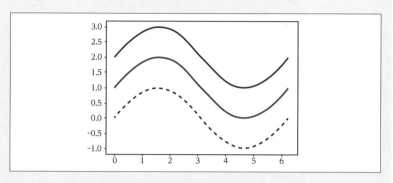

5.4.2　标识的样式

　　我们可以使用标识在折线图中突出显示数据点（见清单5.20）。可以指定标识的一部分示例见表5.4。标识的指定字符也可以与线条的颜色和线条种类组合在一起使用，在颜色的指定字符后面加上标识字符即可。

表5.4　标识的示例

指 定 字 符	标　　识
'o'	圆形
's'	四边形
'*'	星形
'D'	菱形
'v'	倒三角形

　　还可以使用marker参数对标识进行指定。在marker参数中也可以像r'$\clubsuit$这样使用LaTeX命令。此外，还可以为标识指定大小（ms）、填充的颜色（mfc）、边宽（mew）、边缘颜色（mec）等信息。

In

```
fig, ax = plt.subplots(constrained_layout=True)
ax.plot(x[::10], y[::10], 'o',
        ms=10, mfc='w', mew=2, mec='b')
ax.plot(x[::10], y1[::10], '*--', c='0.5', ms=15)
ax.plot(x[::10], y2[::10], 'k:',
        marker=r'$\clubsuit$', ms=15)
```

Out

```
[<matplotlib.lines.Line2D at 0x160c153aa08>]
```

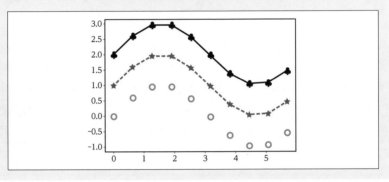

5.5 添加文字说明

在本节中，我们将对如何在图表的标签、标题、凡例中添加文字说明的方法进行讲解。

5.5.1 日文的使用

使用Matplotlib 表示日语时，需要将字体指定为日语字体。执行清单5.21中的代码，可以获取可使用的字体，然后在其中选择适当的日语字体。在 Windows 10 中已经事先预装了 Yu Mincho 和 Yu Gothic 等日语字体。

此外，如果系统中新安装的字体无法使用，请执行 fm._rebuild（）。这样字体缓存会被重建，安装的字体就可以使用了。

清单 5.21　　显示字体一览

In

```
import matplotlib.font_manager as fm

fpaths = fm.findSystemFonts()
fnames = [f.name for f in fm.createFontList(fpaths)]
# 字体格式太多，这里只显示5个
fnames[:5]
```

Out

```
['Bookman Old Style', ➡
 'Lucida Bright', ➡
 'Calibri', ➡
 'Carlito', ➡
 'Gloucester MT Extra Condensed'] ➡
```

字体的设置也可以通过plt.rcParams 实现。如清单5.23显示的是如何将 Yu Mincho 设置为默认使用的字体。

当我们需要在图表的任意位置显示文本时，可以使用text 方法和annotate 方法。使用annotate 方法还可以添加带箭头的注释。

清单 5.22   matplotlib.pyplot 的导入

In

```
import matplotlib.pyplot as plt
```

清单 5.23   日语字体的使用示例

In

```
import numpy as np

x = np.linspace(0, 2 * np.pi, 100)
y = np.exp(-x) * np.sin(x)

# 使用日语字体
plt.rcParams['font.family'] = 'Yu Mincho'

fig, ax = plt.subplots(constrained_layout=True)
ax.plot(x, y)
ax.grid()

# 绘制日语文本
ax.annotate('日语文本', xy=(3, 0.15),
            fontsize=18, c='b')
```

Out

```
Text(3, 0.15, '日语文本')
```

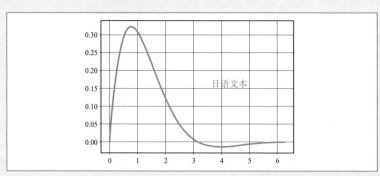

基于Matplotlib的数据可视化

🔷 5.5.2　坐标轴标签和标题

　　坐标轴的标签和图表标题这类与 Axes 相关的元素，可以使用 set_* 方法创建（见清单 5.24）。坐标轴的标签可以使用 set_xlabel 和 set_ylabel 方法创建，图表的标题则可以使用 set_title 方法创建。此外，如果需要创建图的整体的标题时，可以使用 fig.suptitle 方法。坐标轴的标签和图表标题所使用的字体，可以使用 fontname 参数进行指定。此外，需要统一字体的设置时，使用字典指定 fontdict 参数是非常方便的。

　　除了上面这些设置之外，在字符串中用 $ 符号围起来的范围是由 LaTeX 的公式模式来处理的，可以在其中编写数学符号和公式。输入 LaTeX 的命令时，为了不让 "\\" 符号被解释为转义符号，需要使用 raw 字符串进行编写。

清单 5.24　坐标轴标签和标题的设置示例

In

```python
x = np.linspace(0, 2 * np.pi, 100)
y1 = np.sin(x)
y2 = np.cos(x)

fig, axs = plt.subplots(2, 1, constrained_layout=True)
axs[0].plot(x, y1)
axs[1].plot(x, y2)

# 单独设置字体
fig.suptitle('测算结果', fontname='Meiryo', fontsize=18)
# 统一字体的设置
font = {'family': 'Segoe UI', 'size': 14}
axs[0].set_title('No.1', fontdict=font)
axs[1].set_title('No.2', fontdict=font)
# 使用LaTeX的命令
axs[1].set_xlabel(r'$t\[\mathrm{s}]$')
axs[0].set_ylabel(r'$x\[\mathrm{m}]$')
axs[1].set_ylabel(r'$x\[\mathrm{m}]$')
```

Out

```
Text(0, 0.5, '$x¥¥ [¥¥mathrm{m}]$')
```

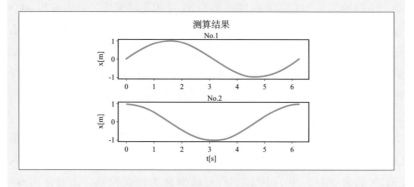

🔷 5.5.3 凡例

当需要将多个图表进行重叠显示时，需要设置凡例，用于区分哪一条线表示的是哪一类数据。凡例中的字符串可以通过绘制方法中的 label 参数进行指定。

然后再调用 legend 方法就可以将凡例绘制出来，还可以在这个方法的参数中，对凡例的显示位置和风格进行指定。如果不指定显示位置，程序会尽量显示在不与图表重复的位置上（见清单 5.25）。

清单 5.25　凡例的设置示例

In

```
x = np.linspace(-np.pi, np.pi, 100)
y1 = np.sinc(x)
y2 = np.sinc(2 * x)

fig, ax = plt.subplots(constrained_layout=True)
ax.plot(x, y1, label=r'$¥mathrm{sinc}(x)$')
ax.plot(x, y2, label=r'$¥mathrm{sinc}(2x)$')
# 绘制凡例
ax.legend(fontsize=12)
```

Out

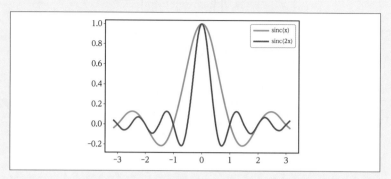

使用bbox_to_anchor参数可以在任意位置上创建凡例。以 Axes 的坐标系的左下为基准点，右上角的坐标为（1，1），对凡例的边框位置进行指定。虽然凡例的边框是以右上为基准点的，但是可以使用loc参数对其进行变更。

如果如清单5.26所示指定，就可以将凡例显示在坐标系的外面。这里是将左上设为凡例的边框的基准点，并将其位置设置为（1.03,1）。边框的基准点和指定的位置之间有余白，使用borderaxespad参数将余白的宽度设置为0，调整位置会更加方便。

清单 5.26 　　在图表的外围配置凡例

In

```
fig, ax = plt.subplots(constrained_layout=True)
ax.plot(x, y1, label=r'$\mathrm{sinc}(x)$')
ax.plot(x, y2, label=r'$\mathrm{sinc}(2x)$')
ax.legend(loc='upper left', bbox_to_anchor=(1.03, 1),
          borderaxespad=0)
```

Out

```
<matplotlib.legend.Legend at 0x160c178ab88>
```

基于Matplotlib的数据可视化

5.6 坐标轴的设置

在本节中，我们将对 Axes 的坐标轴相关的设置进行讲解。

5.6.1 添加坐标轴

当需要在图表中添加刻度不同的坐标轴时，可以使用 secondary_xaxis 和 secondary_yaxis 方法。在这个方法中，可以指定改变坐标轴的值的函数，以及与之相对的逆函数。如清单 5.28 所示，将从毫米（mm）单位换算成英寸（in）单位的坐标轴添加到边框的上方。

清单 5.27 matplotlib.pyplot 的导入

In

```
import matplotlib.pyplot as plt
```

清单 5.28 secondary_xaxis 方法的示例

In

```
import numpy as np

x = np.linspace(0, 10, 100)
y = np.sinc(x)

fig, ax = plt.subplots(constrained_layout=True)
ax.plot(x, y)
ax.set_xlabel(r'$x¥ [¥mathrm{mm}]$')

# 对转换刻度的函数及逆函数进行定义
# 1 [in] = 25.4 [mm]
def mm2inch(x):
    return x / 25.4


def inch2mm(x):
    return x * 25.4
```

```
# 在边框的上方创建第二个坐标轴
secax = ax.secondary_xaxis('top',
                           functions=(mm2inch, inch2mm))
secax.set_xlabel(r'$x¥ [¥mathrm{in}]$')
```

Out

```
Text(0.5, 0, '$x¥¥ [¥¥mathrm{in}]$')
```

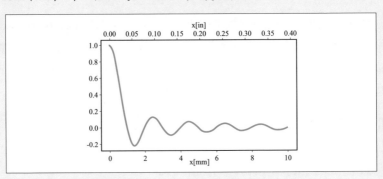

对多个图表进行重叠绘制时，我们需要共享 x 轴，而在 y 轴上则显示其他的刻度。调用Axes的twinx方法就可以在图表右侧创建新的带有 y 轴的Axes（见清单5.29）；同样，使用twiny方法可以在图表的上方创建带有 x 轴的图表。

清单 5.29   twinx 方法的示例

In

```
fig, ax = plt.subplots(constrained_layout=True)
ax.plot(x, np.sin(x))

# 创建共享x轴的Axes
ax2 = ax.twinx()
ax2.plot(x, np.exp(x), 'C1')

# 设置刻度的颜色
ax.tick_params(axis='y', labelcolor='C0')
ax2.tick_params(axis='y', labelcolor='C1')
```

Out

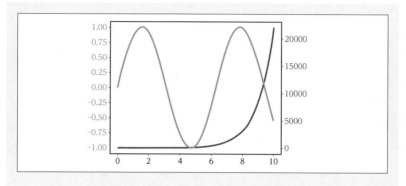

🔹 5.6.2 坐标轴的范围

　　坐标轴的默认范围（x 轴和 y 轴的最小值和最大值）是根据需要绘制的数据由程序自动进行设置的。如果需要手动进行设置，可以使用 set_xlim 方法或 set_ylim 方法。将各个坐标轴的最小值和最大值集中保存到列表对象中，一并传递给参数（见清单 5.30）。

　　此外，Matplotlib 中还提供了可以对两个坐标轴的范围进行统一设置的 axis 方法。在 axis 方法中指定 'equal'，是对两个坐标轴的显示范围进行变更，以使坐标轴的单位长度相等；指定 'scaled'，函数会修改坐标轴的长度，使两个轴的单位长度相等；指定 'square'，则是仅仅将两个坐标轴的长度对齐。

　　如果要使坐标轴的显示范围与数据的范围相匹配，可以使用 autoscale 方法。如清单 5.30 所示，指定 tight=True 时，两个坐标轴的显示范围就会与数据的范围保持一致。

| 清单 5.30 | axis 方法的示例 |

In

```
x = np.linspace(0, 2 * np.pi, 100)
y = 1.1 * x * np.sin(x)

fig, axs = plt.subplots(2, 2, figsize=(8, 6),
                        constrained_layout=True)
axs[0, 0].plot(x, y)
```

```
axs[0, 0].set_title('Default')
axs[0, 0].grid()

# 使用数值设置坐标轴的范围
axs[0, 1].plot(x, y)
axs[0, 1].axis([-1, 8, -6, 3])
# 使用set_xlim 和set_ylim 的场合
# axs[1].set_xlim([-1, 8])
# axs[1].set_ylim([-6, 3])
axs[0, 1].set_title('[-1, 8, -6, 3]')
axs[0, 1].grid()

# 使用'scaled' 使坐标轴的单位长度对齐
axs[1, 0].plot(x, y)
axs[1, 0].axis('scaled')
axs[1, 0].set_title('scaled')
axs[1, 0].grid()

# 使轴的范围与数据的范围保持一致
axs[1, 1].plot(x, y)
axs[1, 1].axis('scaled')
axs[1, 1].autoscale(tight=True)
axs[1, 1].set_title('scaled, tight')
axs[1, 1].grid()
```

Out

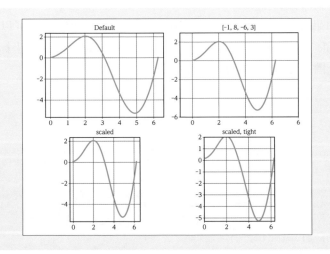

在Matplotlib中，为了设置坐标轴的宽高比（纵横比），专门提供了set_aspect方法。但是需要注意的是，指定的比例是坐标轴的单位长度的比例。如果在第二个参数中指定'datalim'，那么就只有坐标轴的显示范围会被变更。如清单5.31所示，如果使用ax.get_data_ratio方法，还可以对坐标轴的长度比例进行设置。

| 清单 5.31 | set_aspect 方法的示例 |

In

```
fig, axs = plt.subplots(1, 2, figsize=(8, 4),
                        constrained_layout=True)

# 纵/横
ratio = 1 / 2

# 坐标轴的单位长度比为2：1
axs[0].plot(x, y)
axs[0].set_aspect(ratio, 'datalim')
axs[0].grid()

# 坐标轴的长度比为2：1
axs[1].plot(x, y)
axs[1].set_aspect(ratio / axs[1].get_data_ratio())
axs[1].grid()
```

Out

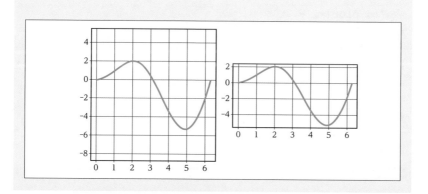

5.6.3 刻度

Matplotlib 中提供了用于设置坐标轴的刻度的 ticker 模块。刻度分为主刻度（大刻度）和辅助刻度（小刻度）两种，默认设置是显示主刻度及刻度标签。

刻度的配置可以使用 ticker 模块中所提供的各种封装类进行指定。其中，用于指定刻度的最大值的 MaxNLocator 类、用于指定刻度间距的 MultipleLocator 类、用于指定刻度的坐标 FixedLocator 类等属于最为常用的几个类。如清单 5.32 所示，需要设置刻度的坐标轴可以通过 xaxis 和 yaxis 属性进行选择，主刻度和辅助刻度的配置则可以使用 set_major_locator 和 set_minor_locator 方法进行。

如果通过指定坐标的方式来设置主刻度，还可以使用 set_xticks 和 set_yticks 方法。此外，主刻度的标签可以使用 set_xtickslabels 和 set_ytickslabels 方法进行设置。

| 清单 5.32 | 刻度配置的设置示例 |

In

```
from matplotlib.ticker import MaxNLocator, MultipleLocator

x = np.linspace(0, 2 * np.pi, 100)
y = np.sin(x)

fig, axs = plt.subplots(1, 2, figsize=(8, 4),
                        constrained_layout=True)
axs[0].plot(x, y)
# x轴的主刻度设置为最大7个
axs[0].xaxis.set_major_locator(MaxNLocator(7))
# y轴的辅助刻度设置为0.05的间距
axs[0].yaxis.set_minor_locator(MultipleLocator(0.05))

# 使用set_xticks方法设置
axs[1].plot(x, y)
axs[1].set_xticks([0, np.pi, 2 * np.pi])
axs[1].set_xticklabels([0, r'$\pi$', r'$2\pi$'])
```

基于Matplotlib的数据可视化

Out

```
[Text(0, 0, '0'), Text(0, 0, '$¥¥pi$'), Text(0, 0, '$2¥¥
pi$')]
```

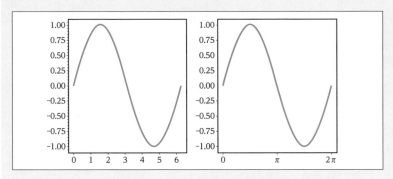

当需要绘制的数据的位数较多时，刻度的值可以使用指数形式或者如+1e2这样的偏移量来表示。刻度标签的默认显示格式可以使用 ticklabel_format方法进行变更。如清单5.33所示，禁止x轴使用偏移量，将y轴的指数格式变更为数学风格的（1×10^7）。

| 清单 5.33 | 刻度标签格式的变更 |

In

```
x = np.linspace(100.01, 100.1, 100)
y = 1e5 * x

fig, axs = plt.subplots(1, 2, figsize=(8, 4),
                        constrained_layout=True)
axs[0].plot(x, y)
axs[1].plot(x, y)
axs[1].ticklabel_format(useOffset=False, useMathText=True)
```

Out

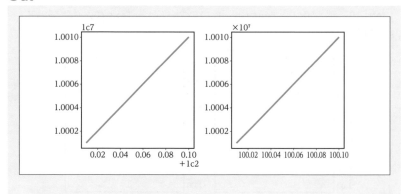

　　当我们需要对刻度标签的格式进行更为详细的设置时，可以使用 ticker 模块中所提供的各种类。例如，清单 5.34 使用的 PercentFormatter 类可以将指定的数值作为基准值按比例进行显示，EngFormatter 类则可以在数值中添加单位进行显示。而对于主刻度和辅助刻度，可以分别使用 set_major_formatter 和 set_minor_formatter 方法进行设置。

清单 5.34　　使用 ticker 模块设置刻度标签的示例

In

```
from matplotlib.ticker import PercentFormatter, ➡
EngFormatter

x = np.linspace(0, 6, 100)
y = np.logspace(-2, 0, 100)

fig, axs = plt.subplots(1, 2, figsize=(8, 4),
                        constrained_layout=True)

# 显示为最大值的百分比
axs[0].plot(x, y)
axs[0].yaxis.set_major_formatter(PercentFormatter(max(y)))

# 添加单位
axs[1].plot(x, y)
axs[1].yaxis.set_major_formatter(EngFormatter(unit='V'))
```

基于Matplotlib的数据可视化

Out

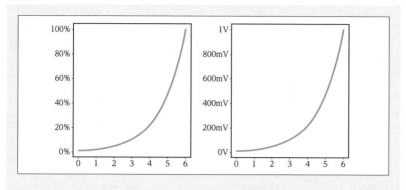

所谓刻度线，是指从坐标轴的刻度位置上绘制的线条，显示刻度线可以使图表中的值更容易确认。对刻度线的显示和设置可以通过grid 方法来实现。默认设置是显示两个坐标轴的土刻度线。至于要对哪种刻度线进行显示，则可以使用axis参数和which 参数进行选择。例如，清单5.35 显示的是主刻度线为实线，辅助刻度线为虚线的图表。

清单 5.35　　显示刻度线的示例

In

```
x = np.linspace(0, 2 * np.pi, 100)
y = np.sin(x)

fig, ax = plt.subplots(constrained_layout=True)
ax.plot(x, y)

ax.xaxis.set_major_locator(MultipleLocator(1))
ax.xaxis.set_minor_locator(MultipleLocator(0.5))
ax.yaxis.set_major_locator(MultipleLocator(0.5))
ax.yaxis.set_minor_locator(MultipleLocator(0.25))

# 设置主刻度的刻度线
ax.grid(which='major', c='b', lw=0.3)
# 设置辅助刻度的刻度线
ax.grid(which='minor', ls='--')
```

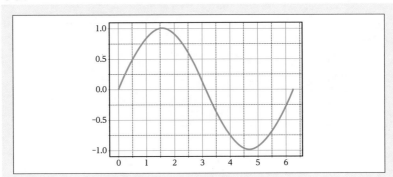

5.6.4 轴脊

在Matplotlib中，将用于显示刻度的线，同时也作为图表绘制区域的边框的线称为轴脊。上、下、左、右的轴脊可以使用spines属性进行访问，对轴脊的位置和标签进行设置。清单5.36中的代码删除了右侧和上侧的轴脊，将下侧的轴脊移到了正中间的位置。

清单 5.36　轴脊的设置示例

In

```python
x = np.linspace(0, 2*np.pi, 50)
y = np.sin(x)

fig, ax = plt.subplots()
ax.plot(x, y)

# 不显示右侧和上侧的轴脊
ax.spines['right'].set_color('none')
ax.spines['top'].set_color('none')
# 将下侧的轴脊移到正中间
ax.spines['bottom'].set_position(('data', 0))
```

Out

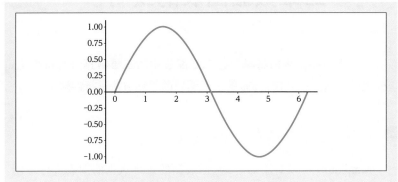

三维数据图表的绘制

> 在本节中，我们将学习在二维图表中对三维数据进行可视化
> 处理的方法，以及包含z轴的三维图表的绘制方法进行讲解。

5.7.1 基于二维图表的可视化

Matplotlib 可以对添加了z坐标数据的三维数据的图表进行绘制。
如果要绘制二元函数$z = f(x, y)$的图表，首先需要设置x和y的变化
范围，使用np.meshgrid函数创建用于表示xy平面中的网格点的数组。
如清单5.37中所示，将表示x和y的变化范围的数组传递给np.meshgrid
函数，就能创建两个数组X和Y。其中，X是将x作为行，只对y的元
素数量进行排列而组成的数组；另外一个数组Y是将y作为列，只对x
的元素数量进行排列而组成的数组。

清单 5.37　np.meshgrid 函数的示例

In

```
import numpy as np

# [0, 1, 2, 3]
x = np.arange(0, 4)
# [0, 1, 2]
y = np.arange(0, 3)

X, Y = np.meshgrid(x, y)
# Y, X = np.mgrid[0:2:3j, 0:3:4j] 也是可以的

print(X)
print(Y)
```

Out

```
[[0 1 2 3]
 [0 1 2 3]
 [0 1 2 3]]
```

```
[[0 0 0 0]
 [1 1 1 1]
 [2 2 2 2]]
```

对创建好的数组 *X* 和 *Y* 进行绘制，在 *xy* 的平面中就会显示网格点（见清单 5.39），即集中了网格点的 *x* 坐标和 *y* 坐标的数组就是 *X* 和 *Y*。使用 *X* 和 *Y* 对二元函数进行计算，即可创建三维图表。

清单 5.38　matplotlib.pyplot 的导入

In

```
import matplotlib.pyplot as plt
```

清单 5.39　确认网格点

In

```
fig, ax = plt.subplots(constrained_layout=True)
plt.plot(X, Y, 'ko')
plt.grid()
```

Out

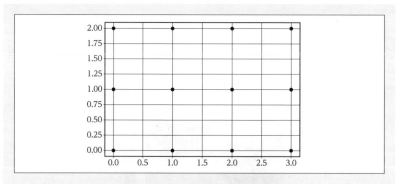

在二维图表中对三维数据进行可视化处理时，可以使用等值线图等进行绘制。例如，清单 5.40 中使用 contourf 方法创建使用颜色填充后所得到的等值线图。

在绘制过程中所使用的颜色图，可以在 cmap 参数中进行指定。颜色图是用于定义数值与颜色（RGBA）之间的对应关系的数据，在

Matplotlib 中事先提供了大量的颜色图供大家使用。系统默认提供的是 viridis、cividis 和 twilight 等颜色图，颜色的变化是与人类可以感知的变化程度相同（感知上变化均匀）的颜色映射。

此外，需要在图表中添加颜色条时，可以使用 colorbar 方法。将使用颜色图进行绘图的成员方法所返回的对象，传递给这个方法中的第一个参数即可。

清单 5.40　　contourf 方法的示例

In

```
coords = np.linspace(0, 2 * np.pi, 100)
X, Y = np.meshgrid(coords, coords)
Z = np.sin(X) * np.cos(Y)

fig, ax = plt.subplots(constrained_layout=True,
                       subplot_kw=dict(aspect='equal'))

# 创建等密图和颜色条
cs = ax.contourf(X, Y, Z, cmap='cividis')
cb = fig.colorbar(cs)

ax.set_xlabel(r'$x$')
ax.set_ylabel(r'$y$')
cb.set_label(r'$z$')
```

Out

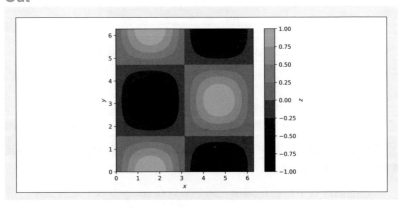

5.7.2　三维图表

使用Matplotlib还可以绘制三维图表。首先导入Axes3D类，然后在add_subplot方法的参数中指定projection='3d'，即可创建三维坐标的Axes对象。如果使用subplots方法，可以在subplot_kw参数中进行同样的设置。

清单5.41中使用plot_surface方法创建了三维图表。三维图表可以使用与二维图表相同的方法设置坐标轴和标签。例如，z轴的标签就可以使用set_zlabel进行设置。

对于多个图表并列排放的情况，可以指定颜色条所放置的位置。颜色条会被设置在colorbar成员方法的ax参数中所指定的图形区域的旁边。

清单5.41中还介绍了去掉填充色只给线框上色的方法。颜色条在0～1的范围内使用数值定义颜色。将数据的变化范围转换到0～1之间的处理称为归一化。在这个示例中，使用归一化后的数据创建相对应的颜色的列表，并将其传递给facecolors参数。之后，再使用设置颜色的set_facecolor方法将填充部分的颜色设置为透明色，只对线框进行显示。

清单5.41中最后调用的set_proj_type方法，是将投影方法从默认的透视投影变成了正投影。

| 清单 5.41 | plot_surface 方法的示例 |

In

```
from mpl_toolkits.mplot3d import Axes3D

coords = np.linspace(-2, 2, 100)
X, Y = np.meshgrid(coords, coords)
Z = np.exp(-(X ** 2 + Y ** 2))

fig, axs = plt.subplots(1, 2, figsize=(8, 4),
                        constrained_layout=True,
                        subplot_kw={'projection': '3d'})

# 基本的三维图表的绘制方法
```

```
surf = axs[0].plot_surface(X, Y, Z, rstride=5, cstride=5,
                           cmap='cividis')
fig.colorbar(surf, ax=axs[0], shrink=0.6)

# 只对线框上色的示例
norm = plt.Normalize(Z.min(), Z.max())
colors = plt.cm.cividis(norm(Z))
surf = axs[1].plot_surface(X, Y, Z, rstride=5, cstride=5,
                           facecolors=colors, shade=False)

surf.set_facecolor((0, 0, 0, 0))
# 正投影显示
axs[1].set_proj_type('ortho')
```

Out

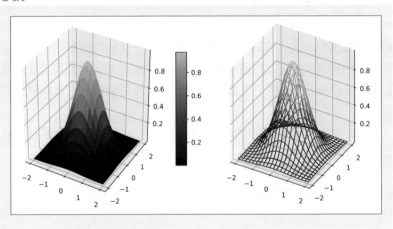

CHAPTER

6

基于NumPy/SciPy 的数值计算及其应用

本章将对高级科学计算专业软件库 SciPy 的相关知识进行讲解，并对其在各行各业中的应用案例进行介绍。

6.1 线性代数

在本节中，我们将对线性代数中的数值计算示例进行介绍。

6.1.1 何谓SciPy

SciPy 是以 NumPy 为基础构建的，为各种不同领域提供数值计算函数的软件包。SciPy 中的函数大多都是将使用 Fortran 语言（数值计算的专用编程语言）所编写的软件库，移植到 Python 中所形成的函数。通常，Fortran 的软件库开发和运用的年代久远，而且无论是在计算速度上还是在精度上都具有很高的可靠性。

SciPy 基本上是由多个子软件包组成。一般只导入其中必需的部分进行使用。关于 SciPy 的子软件包的一览表，可以参考官方文档中的内容。

在 SciPy 提供的函数中，很多函数的名称都与 NumPy 的相同。而这类函数无论是从功能上还是从计算速度上来说，都要比 NumPy 所提供的函数更好。因此，与其使用 NumPy 的函数不如使用 SciPy 中的同类函数。

6.1.2 线性方程式

n 个变量与 n 个线性方程式的组合（一元联立方程组）具有矩阵的形式，可以使用式（6.1）来表示。

$$Ax = b \tag{6.1}$$

其中，A 是 $n \times n$ 的矩阵；b 和 x 则是 n 维的列向量。变量和方程式的数量是相同的，矩阵 A 是正则矩阵（存在逆矩阵 A^{-1}），式（6.1）的解可以表示为式（6.2）的形式。

$$x = A^{-1}b \tag{6.2}$$

如果矩阵 A 是一个奇异矩阵，方程式的解就不是唯一的。当矩阵的阶数比 n 小时，矩阵的逆是不存在的。

方程式的解是否能通过数值计算得到精度较高的结果，是可以根据矩阵的条件数量来推测的。当条件数量接近于 1 时，就被称为良态，而条件数量较多则被称为病态。病态方程式的数值解可能会存在较大的误差。

在 SymPy 中，可以使用 Matrix 对象的 rank 方法和 condition_number 方法对矩阵的阶数和条件数进行计算。例如，式（6.3）是包含两个变量的线性方程组。这个方程的解是 $x = [2, 1]^T$。而清单 6.1 显示了如何对矩阵 A 的阶数和条件数进行求解。由于矩阵 A 的阶数与变量数量相同也是 2，因此方程是可解的。另外，矩阵 A 的条件数也很小，因此可以预计计算得到的解具有较高的精度。

$$\begin{cases} 3x_1 + 2x_2 = 8 \\ -3x_1 + 5x_2 = -1 \end{cases} \quad (6.3)$$

清单 6.1　　基于 SymPy 的矩阵阶数和条件数的计算

In
```
import sympy as sy

A = sy.Matrix([[3, 2],
               [-3, 5]])

print(A.rank())
print(A.condition_number().evalf())
```

Out
```
2
1.62131007404117
```

接下来，我们将对这个问题进行求解。在 SymPy 中，矩阵 A 的逆矩阵可以使用 inv 方法来计算。如式（6.2）所示，A 的逆矩阵与向量 b 的乘积就是方程的解（见清单 6.2）。

清单 6.2　使用 inv 方法进行求解

In

```
b = sy.Matrix([8, -1])

A.inv() * b
```

Out

$$\begin{bmatrix} 2 \\ 1 \end{bmatrix}$$

　　然而，这个方法的计算效率是很差的。如果只是为了对方程进行求解，使用solve方法就可以（见清单6.3），它还可以选择各种不同的算法。如果矩阵中不存在对称性，选择 LU 分解算法可以通过较少的计算次数得到方程的解。所谓 LU 分解，是指使用上三角矩阵 U 和下三角矩阵 L，对矩阵 A 进行 $A = LU$ 的分解操作。

清单 6.3　使用 solve 方法求解

In

```
A.solve(b, 'LU')
```

Out

$$\begin{bmatrix} 2 \\ 1 \end{bmatrix}$$

　　如果是单纯地对 L 和 U 进行求解，可以使用LUdecomposition 方法（见清单6.4）。

清单 6.4　LUdecomposition 方法的示例

In

```
L, U, _ = A.LUdecomposition()
L
```

Out

$$\begin{bmatrix} 1 & 0 \\ -1 & 1 \end{bmatrix}$$

　　实际上，如果只是为了计算数值，与其使用SymPy，还不如使用NumPy更好。在NumPy中，可以使用np.linalg.matrix_rank和np.linalg.cond函数对矩阵的阶数与条件数进行计算（见清单6.5）。

清单 6.5　　使用 NumPy 计算矩阵的阶数和条件数

In

```
import numpy as np

A = np.array([[3, 2],
              [-3, 5]])

print(np.linalg.matrix_rank(A))
print(np.linalg.cond(A))
```

Out

```
2
1.6213100740411661
```

　　在对矩阵的数值计算中，可以使用scipy.linalg.solve函数和*LU*分解算法对线性方程式进行求解（见清单6.6）。虽然NumPy中也同样存在solve函数，但是SciPy版本的solve函数所提供的选项和功能更为丰富。

清单 6.6　　使用 scipy.linalg.solve 函数进行求解

In

```
from scipy import linalg

A = np.array([[3, 2],
              [-3, 5]])
b = np.array([[8, -1]]).T
```

```
linalg.solve(A, b)
```

Out
```
array([[2.],
       [1.]])
```

如果需要对矩阵 *L* 和 *U* 进行求解，可以使用 scipy.linalg.lu 函数（见清单 6.7 ）。这个函数根据 *A* = *PLU* 进行分解，并返回相应的矩阵。其中，*P* 是为了提高计算效率而加入的对行进行切换的置换矩阵。

清单 6.7   scipy.linalg.lu 函数的示例

In
```
P, L, U = linalg.lu(A)
L
```

Out
```
array([[ 1.,   0.],
       [-1.,   1.]])
```

如果需要判断两个矩阵是否等价，可以调用 NumPy 的 allclose 函数进行确认。这个函数在矩阵的各个元素允许的范围内相等时返回 True 。如清单 6.8 所示，矩阵 *A* 与 *PLU* 是等价的。

清单 6.8   allclose 函数的示例

In
```
np.allclose(A, P @ L @ U)
```

Out
```
True
```

6.1.3 特征值问题

对于 *n* 维方块矩阵 *A* 是否存在满足式（6.4）条件的标量 λ 和向量 *x*，且 $x \neq 0$ 的问题，就被称为特征值问题。

$$Ax = \lambda x \qquad (6.4)$$

这个固有方程式可以变形为式（6.5）所示的形式。这里矩阵 I 是 n 阶的单位矩阵。

$$(A - \lambda I)\, x = 0 \qquad (6.5)$$

如果 x 的解是存在的，那么就意味着矩阵 A 必须是奇异矩阵（表达式为 0）。

$$\det(A - \lambda I) = 0 \qquad (6.6)$$

式（6.6）被称为 A 的特征方程。特征方程的 n 个根就是特征值。对各个特征值计算式（6.5），就可以得到与特征值所对应的特征向量。

在 SymPy 中，使用 Matrix 对象的 eigenvals 和 eigenvects 方法，来对矩阵的特征值和特征向量进行计算。eigenvals 方法返回的结果是将特征值作为键值，将对应的重数作为值的字典对象。而 eigenvects 方法的返回值则是由特征值、特征值的重数、特征向量所组成的列表。各个特征值所对应的特征向量的数量与特征值的重数相同。在清单 6.9 示例中，特征值是 1 和 5，而它们的重数分别为 1，也就是说不存在重根。

清单 6.9　eigenvals 方法的示例

In

```
A_s = sy.Matrix([[2, 3],
                 [1, 4]])

A_s.eigenvals()
```

Out

```
{5: 1, 1: 1}
```

如果需要对 NumPy 数组的特征值和特征向量进行计算，可以使用 SciPy 的 linalg. eigvals 和 linalg.eig 函数。虽然 NumPy 的 linalg 模块中也存在同名的函数，但是 SciPy 版的实现功能更强。scipy.linalg.eigvals 函数返回的是将特征值集中在一起的一维数组和包含各个特征值所对应的特征向量的数组（见清单 6.10）。此外，特征向量是长度为 1 的正规特征向量。

scipy.linalg.eig 函数的示例

In

```
A = np.array([[2, 3],
              [1, 4]])

w, X = linalg.eig(A)
print(w)
print(X)
```

Out

```
[1.+0.j 5.+0.j]
[[-0.9486833  -0.70710678]
 [ 0.31622777 -0.70710678]]
```

当 n 阶方块矩阵 A 具有 n 个不同的特征值时，可以使用矩阵的特征向量将矩阵变换为特征值的对角矩阵 D。这一变换被称为对角化。如果用 X 表示特征向量并列而成的矩阵，则 D 可以通过式（6.7）进行计算。

$$D = X^{-1}AX \qquad (6.7)$$

通过清单 6.11 中的代码实际进行计算，可以看到特征值排列在 D 的对角线上。

清单 6.11   计算特征值的对角矩阵

In

```
linalg.inv(X) @ A @ X
```

Out

```
array([[1.00000000e+00, 3.33066907e-16],
       [0.00000000e+00, 5.00000000e+00]])
```

SymPy 中提供了专门用于计算对角化矩阵的 diagonalize 方法（见清单 6.12）。

清单 6.12   diagonalize 方法的示例

In

```
X, D = A_s.diagonalize()
```

D

Out

$$\begin{bmatrix} 1 & 0 \\ 0 & 5 \end{bmatrix}$$

对角矩阵 D 的幂 D^n 就是对 D 中的每个元素进行幂运算，计算相对简单。而如果 A 可以对角化，A 的幂 A^n 可以通过式（6.8）进行求解。

$$A^n = XD^nX^{-1} \tag{6.8}$$

对于任意的实数 n，A^n 可以使用 SciPy 的 linalg.fractional_matrix_power 函数进行计算。如清单 6.13 所示，计算 $B = A^{0.5}$ 得到的结果为 $A = B^2$。

清单 6.13   linalg.fractional_matrix_power 函数的示例

In

```
B = linalg.fractional_matrix_power(A, 0.5)

np.allclose(A, B @ B)
```

Out

```
True
```

在线性代数中，如果是对对称矩阵进行计算，有大量计算速度快且精度很高的数值计算方法。在实对称矩阵中，不同特征值所对应的特征向量具有正交的特性。因此，由特征向量排列而成的矩阵就是正交矩阵。正交矩阵是指 $Q^{-1} = Q^T$ 成立的矩阵。因此，对于对称矩阵可以使用式（6.9）计算对角线矩阵 D。

$$D = Q^{-1}AQ = Q^TAQ \tag{6.9}$$

计算对称矩阵的对角矩阵不需要计算逆矩阵，因此相对于非对称矩阵的计算，可以实现更为高速的运算。在清单 6.14 的示例中，定义了矩阵 A，并对其是否满足式（6.9）进行了确认。

In

```
A = np.array([[4, 2, -3],
              [2, 5, -2],
              [-3, -2, 4]])
w, Q = linalg.eig(A)

np.allclose(np.diag(w), Q.T @ A @ Q)
```

Out

```
True
```

6.2　微分和积分

> 本节将对与微分和积分相关的数值计算的示例进行介绍。

6.2.1　微分

函数的微分（导函数）表示的是在某个点上函数的变化速度。在 SymPy 中可以使用 diff 函数、公式对象的 diff 方法进行求导。这个函数是使用第二个参数所指定的变量，对第一个参数所指定的公式进行微分。清单 6.15 显示的是对 $f(x)=\cos(x^2)+2$ 求取 $\dfrac{df(x)}{dx}$。

清单 6.15　使用 diff 函数计算一阶微分

In

```
import sympy as sy

x = sy.symbols('x')
eq = sy.cos(x**2) + x

# eq.diff(x) 也可以
sy.diff(eq, x)
```

Out

$-2x\sin(x^2)+1$

对于更高阶的导函数计算，可以将变量和阶数集中到元组中进行指定。清单 6.16 显示的是对之前公式的 $\dfrac{d^2f(x)}{d^2x}$ 进行求解。

清单 6.16　使用 diff 函数计算二阶微分

In

```
# sy.diff(eq, x, x) 或 eq.diff(x, 2)都可以
sy.diff(eq, (x, 2))
```

Out

$-2(2x^2\cos(x^2) + \sin(x^2))$

即使是对于多变量函数的微分处理，参数的指定方法也是一样的。清单6.17中显示了对$f(x,y)=x^3y+x^2y^2$，计算$\dfrac{\partial^3 f(x,y)}{\partial x^2 \partial y}$的方法。

| 清单 6.17 | 使用 diff 函数计算多变量函数的微分 |

In

```
y = sy.symbols('y')
eq = x**3 * y + x**2 * y**2

# eq.diff((x, 2), y) 也可以
sy.diff(eq, (x, 2), y)
```

Out

$2(3x + 2y)$

如果导数无法被转换为简单的式子，函数会返回 Derivative 对象（见清单6.18）。

| 清单 6.18 | Derivative 对象的示例 |

In

```
n = sy.symbols('n')

# eq.diff((x, n)) 也可以
sy.diff(eq, (x, n))
```

Out

$$\frac{\partial^n}{\partial x^n}\left(x^3 y + x^2 y^2\right)$$

Derivative 对象是在使用莱布尼兹符号表示导数时使用的。这种形式的导数可以通过调用其 doit 方法进行计算（见清单6.19）。

清单 6.19　使用 doit 方法对 Derivative 对象求值

In

```
d = sy.Derivative(sy.exp(x**2), x)

d.doit()
```

Out

$2xe^{x^2}$

　　在数值计算中，是使用被称为中心差分近似的式（6.10）对导数进行近似计算。

$$f'(x) \simeq \frac{f(x + \delta x) - f(x - \delta x)}{2\delta x} \qquad （6.10）$$

　　只要将 δx 设置为足够小的正数值，就能计算得到精度足以满足实际应用需求的微分系数的近似值。

　　要使用中心差分近似对某个点的微分系数进行求解，需要使用 SciPy 的 misc.derivative 函数（见清单 6.20）。调用时需要在参数中指定函数的对象和需要计算微分系数的点。此外，为了确保计算精度还需要在参数 dx 中指定 δx 的值，还可以在参数 n 中指定微分的阶数。

清单 6.20　misc.derivative 函数的示例

In

```
from scipy.misc import derivative

def f(x):
    return x**3 + x**2

derivative(f, 1.0, dx=1e-6)
```

Out

```
4.999999999921734
```

　　对测量数据等数组进行梯度计算时，需要使用 np.gradient 函数。

如清单6.22所示，该示例实现了对$f(x) = x^3$的数组和一阶导数$f'(x)$ = $3x^2$数组的创建。先使用np.linspace函数创建元素值呈等间距分布的数组x，这些值的间距是通过指定retstep=True参数实现的。如果数据之间的间隔不是等距的，可以像调用np.gradient(y, x)那样指定参数。

清单 6.21　　matplotlib.pyplot 的导入

In

```
import matplotlib.pyplot as plt
```

清单 6.22　　使用 np.gradient 函数进行梯度计算

In

```
x, dx = np.linspace(-3, 3, 201, retstep=True)
y = x**3

dydx = np.gradient(y, dx)

fig, ax = plt.subplots(constrained_layout=True)

ax.plot(x, y, label=r'$f(x)=x^3$')
ax.plot(x, dydx, '--', label=r"$f'(x)=3x^2$")
ax.grid()
ax.legend()
```

Out

```
<matplotlib.legend.Legend at 0x186fd243208>
```

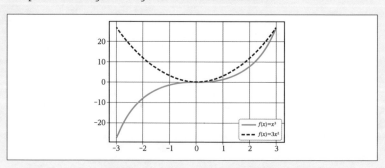

np.gradient 函数可以对两个变量的函数进行梯度计算。清单 6.23 中显示了对 $xe^{(-x^2-y^2)}$ 进行可视化处理。将二维数组传递给 np.gradient 函数进行计算得到的返回值，是由在行方向和列方向计算得到的梯度所组成的数组。Matplotlib 的 quiver 方法可以对由二维空间中的点所指定的平面向量进行绘制。在 quiver 方法中指定的参数是用于绘制向量的坐标和计算得到的梯度数组。

清单 6.23　使用 np.gradient 函数计算两个变量的函数的梯度

In

```
coords, ds = np.linspace(-2, 2, 21, retstep=True)
X, Y = np.meshgrid(coords, coords)
Z = X*np.exp(-X**2 - Y**2)

# 请注意梯度数组是按照行方向和列方向的顺序返回的
dY, dX = np.gradient(Z, ds)

fig, ax = plt.subplots(constrained_layout=True)

ax.quiver(X, Y, dX, dY)
```

Out

```
<matplotlib.quiver.Quiver at 0x186fe8bcd48>
```

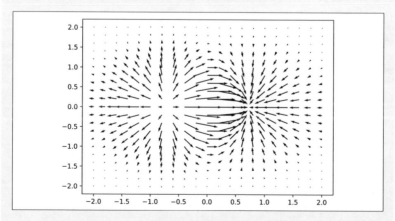

6.2.2 积分

积分可以根据是否确定积分区间划分为定积分和不定积分两种类型。

在某个积分区间 $[a, b]$ 上的定积分可以表示为 $I(f) = \int_a^b f(x)\mathrm{d}x$。如图 6.1 所示，$I(f)$ 可以解释为被积分函数 $f(x)$ 的曲线与 x 轴之间的面积。

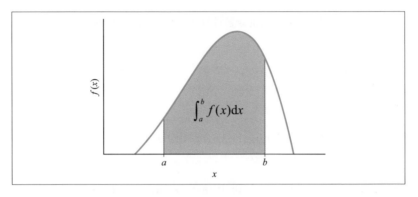

图 6.1　将曲线和 x 轴之间的面积作为积分的概念图

在 SymPy 中，使用 integrate 函数可以同时对定积分和不定积分进行表示。如果在参数中只指定数学表达式，就会作为不定积分进行计算。如果需要计算定积分，则应将数学表达式和 (x, a, b) 格式的元组传递到参数中（见清单 6.24）。其中，x、a、b 分别为积分变量、积分区间的下限和上限。

清单 6.24　　基于 integrate 函数的定积分计算①

In

```
a, b, x, y = sy.symbols('a, b, x, y')
eq = sy.Function('f')(x)

# 计算定积分的场合
# eq.integrate((x, a, b)) 也可
sy.integrate(eq, (x, a, b))

# 计算不定积分的场合
# sy.integrate(eq)
```

Out

$$\int_a^b f(x)\mathrm{d}x$$

也可以向 integrate 函数中指定具体的数学表达式。清单 6.25 中显示了对式（6.11）的积分进行计算的方法。如果需要将积分区间指定为无穷大时，可以使用 sy.oo。此外，不定积分的结果中不包含积分常量。

$$\int_0^\infty x\mathrm{e}^{-x}\mathrm{d}x = 1 \tag{6.11}$$

清单 6.25　基于 integrate 函数的定积分计算②

In

```
sy.integrate(x * sy.exp(-x), (x, 0, sy.oo))
```

Out

```
1
```

一般来说，代数的积分是非常复杂的运算，SymPy 中也存在大量无法进行符号积分的数学公式。当 SymPy 在进行积分运算失败时，将会返回 Integral 对象（见清单 6.26）。

清单 6.26　Integral 对象的示例

In

```
sy.integrate(x**x, x)
```

Out

$$\int x^x\mathrm{d}x$$

当我们需要在数学表达式中包含未执行的积分运算时，就需要使用Integral对象。对于其中的积分，可以稍后通过调用doit方法来计算（见清单6.27）。

清单 6.27　使用 doit 方法对 Integral 对象进行计算

In
```
i = sy.Integral(sy.log(x)**2, x) + 3

i.doit()
```

Out

$$x\log(x)^2 - 2x\log(x) + 2x + 3$$

如果被积分的函数是多变量函数，可以在参数中指定积分变量（见清单6.28）。

清单 6.28　使用 integrate 函数进行多变量函数的积分

In
```
eq = x**2 * y

# 使用x进行积分的场合
sy.integrate(eq, x)

# 使用y进行积分的场合
# sy.integrate(eq, y)
```

Out

$$\frac{x^3 y}{3}$$

如果需要进行多重积分计算，可以在参数中依次对积分变量进行指定（见清单6.29）。

清单 6.29　使用 integrate 函数进行多重积分

In
```
sy.integrate(x**2 + y**2, x, y)
```

基于NumPy/SciPy 的数值计算及其应用

Out

$$\frac{x^3 y}{3} + \frac{xy^3}{3}$$

使用 SymPy 可以找到积分的解析解。不过，在实际中拥有解析解的积分是少之又少的，因此通常都依赖于数值积分。将积分的值作为近似的离散值的和进行求解的方法被称为积分定律。

在积分区间 $[a, b]$ 中取 n 个等间距的点，进行多项式插值的方法就是牛顿·柯特斯积分定律。图 6.2 显示的是低阶牛顿·柯特斯积分定律的概念图。在多项式插值中使用一元多项式就是所谓的梯形法则；使用二元多项式就是所谓的辛普森法则。

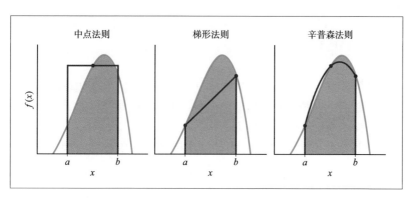

图 6.2   低阶牛顿·柯特斯积分定律的概念图

在实际中，我们通常是将积分区间 $[a, b]$ 分割成小的区间，并在各个区间中使用低阶的积分定律进行积分运算，这个方法被称为复合积分运算法则。在 SciPy 中，提供了负责按照复合型梯形法则进行计算的 integrate.trapz 函数和按照复合型辛普森法则进行计算的 integrate.simps 函数。这些函数的第一个参数是用于指定作为数据点 y 的数组的参数。还可以根据实际需要在第二个参数中指定数据点 x 的数组，或者在参数 dx 中指定固定的样本的间隔。

将使用区间 $[-1, 1]$ 中 17 个等间距的数据点，对式（6.12）的积分进行计算如清单 6.30 所示。先创建数据点 x 坐标和 y 坐标的数组，然后将它们传递给 integrate.trapz 和 integrate.simps 函数。

$$\int_{-1}^{1} e^{-x} dx \qquad (6.12)$$

清单 6.30　　integrate.simps 函数的示例

In

```
import numpy as np
from scipy import integrate

a, b = -1, 1
x = np.linspace(a, b, 17)
y = np.exp(-x)

integrate.simps(y, x)
```

Out

```
2.350405569304639
```

　　一般来说，使用辛普森法则进行计算要比梯形法则计算花费更多的运算时间，但是相应的精度也更高。无论使用哪种积分法则，只要增加采样点的数量同样也可以提高精度。

　　此外，如果条件满足，还可以使用龙贝格积分算法的 integrate.romb 函数。这个算法仅在积分区间 [a, b] 中的数据点的个数为奇数，且数据点之间是等间距的情况下才能使用。integrate.romb 函数与 integrate.trapez 函数一样，第一个参数用于指定数据点 y 坐标的数组（见清单 6.31），但在第二个参数中则必须指定采样的间隔 dx 的值。

清单 6.31　　integrate.romb 函数的示例

In

```
x, dx = np.linspace(a, b, 1 + 2**4, retstep=True)
y = np.exp(-x)

integrate.romb(y, dx=dx)
```

Out

```
2.3504023873296926
```

　　牛顿・柯特斯积分法则是将积分区间划分为等间距的点进行计算。而允许对区间的划分采取更加自由方式的计算方法就被称为高斯求积法。通常，如果在积分区间内能够计算被积分函数的任意函数值，那么使用高斯求积法进行积分运算效率会更高。

　　运用高斯求积法需要使用 SciPy 的 integrate.quad 函数。在函数的参数中，可以指定被积分函数对象和积分区间的上限与下限。integrate. quad 函数在结果中会返回由积分值和估计误差所组成的元组。

　　作为示例，下面将对式（6.13）的积分进行计算。如清单6.32所示，先是定义被积分函数，然后调用 integrate.quad 函数。NumPy 的 np.inf 表示无穷大的浮点数 float（'inf'）。

$$\int_0^\infty e^{-x^2}(x^{12} - x^5)dx \qquad (6.13)$$

清单 6.32　　integrate.quad 函数的示例①

In

```
def f(x):
    return np.exp(-x**2) * (x**12 - x**5)

integrate.quad(f, 0, np.inf)
```

Out

```
(142.94263890752217, 1.104421543222346e-06)
```

　　另外，如果被积分函数对象需要取多个参数，integrate.quad 函数的第一个参数就会作为积分变量计算积分值。被积分函数的参数中，从第二个参数开始是通过 integrate.quad 函数的 args 参数进行传递的。从清单6.33中可以看到，integrate.quad 函数的 args 参数可用于设置被积分函数的参数。

$$\int_0^1 (ax^2 + bx)dx \qquad (6.14)$$

清单 6.33　　　integrate.quad 函数的示例②

In

```
def f(x, a, b):
    return a * x**2 + b * x

integrate.quad(f, 0, 1, args=(1, 2))
```

Out

```
(1.3333333333333333, 1.4802973661668752e-14)
```

　　二重积分和三重积分可以使用 SciPy 的 integrate.dblquad 和 integrate.tplquad 函数分别进行计算。另外，任意阶数的多重积分可以使用 integrate.nquad 函数。这些函数是沿着积分的各个维度，反复调用 integrate.quad 函数进行积分值的计算的。需要注意的是，如果积分变量增加，函数的执行时间也会相应增加。

　　接下来，将对式（6.15）的二重积分进行计算。

$$\int_0^1 \int_{x-1}^{1-x} (4 - x^2 - y^2) \mathrm{d}x \mathrm{d}y \tag{6.15}$$

　　如清单 6.34 所示，在 integrate.dblquad 函数的参数中，指定了被积分函数的函数对象和积分区间的边界。在 dblquad 的 y 的上限和下限中，需要指定函数对象。

清单 6.34　　　integrate.dblquad 函数的示例

In

```
def f(x, y):
    return 4 - x ** 2 - y ** 2

integrate.dblquad(f, 0, 1, lambda x: x - 1, lambda x: 1 - x)
```

Out

```
(3.6666666666666665, 8.127150052361729e-14)
```

　　接下来，将对作为三重积分示例的式（6.16）进行计算。

$$\int_{-1}^{1}\int_{-1}^{1}\int_{-1}^{1}(x+y+z)^2\,\mathrm{d}x\mathrm{d}y\mathrm{d}z \qquad (6.16)$$

指定到integrate.tplquad 函数的 z 的积分区间的边界，是由依赖于 x 和 y 这两个变量的函数对象所定义的（见清单6.35）。

清单 6.35　　integrate.tplquad 函数的示例

In

```
def f(x, y, z):
    return (x + y + z) ** 2

integrate.tplquad(f, -1, 1, lambda x: -1, lambda x: 1,
                  lambda x, y: -1, lambda x, y: 1)
```

Out

```
(7.999999999999999, 9.5449561109889e-14)
```

6.3 统计

在本节中，我们将对统计中的数值计算的示例进行介绍。

6.3.1 统计量

NumPy 中提供了用于计算数组的统计量（描述性统计）的函数。对于数组中所包含的最大值和最小值，可以通过 max 函数和 min 函数获取（见清单 6.36）。元素的范围（最大值 - 最小值）可以使用 ptp 函数来求取。这些函数也可以像 x.max（ ）那样作为数组的方法进行调用。

清单 6.36　max 函数和 ptp 函数的示例

In

```
import numpy as np

x = np.array([2.1, 3.8, 5.4, 0.7, 1.9, 6.3, 4.2])

print(np.max(x))
print(np.ptp(x))
```

Out

```
6.3
5.6
```

如清单 6.37 所示，数组的总和可以使用 sum 函数计算，平均值可以使用 mean 函数计算。

清单 6.37　sum 函数和 mean 函数的示例

In

```
print(np.sum(x))
print(np.mean(x))
```

统
计

Out

```
24.4
3.4857142857142853
```

表示数据离散程度的方差可以通过var函数获取（见清单6.38）。
另外，计算标准差（方差的正平方根）可以使用std函数。默认在计算
方差和标准差时需要使用元素的个数为N。如果在ddof参数中指定整
数i，元素个数就变成了$N-i$。指定ddof=1进行计算得到的方差和标准
差被称为无偏方差、无偏标准差。

清单6.38　　var函数和std函数的示例

In

```
print(np.var(x))
print(np.std(x, ddof=1))
```

Out

```
3.484081632653062
2.0161254685068353
```

将数据按照由小到大的顺序排列，位于中心（整体的50%）处的值
称为中位数。当数据的数量为偶数个时，位于中心位置的两个值的平
均值就是中位数。中位数可以使用median函数获取。如果既需要获取
中位数，又需要获取任意位置上的数，则可以使用quantile函数和
percentile函数（见清单6.39）。这两个函数分别使用全体数据在1中所
占比例和全体数据在100中所占比例的位置进行指定。

清单6.39　　quantile函数和percentile函数的示例

In

```
print(np.quantile(x, [0.25, 0.5, 0.75]))
print(np.percentile(x, [25, 50, 75]))
```

Out

```
[2.  3.8 4.8]
[2.  3.8 4.8]
```

在统计量中还包含很多其他的数据，对于这些数据使用 SciPy 的 stats 子软件包可以很简单地进行计算。清单 6.40 中显示了对统计量进行集中计算的 stats.describe 函数的使用。

清单 6.40 stats.describe 函数的示例

In

```
from scipy import stats

stats.describe(x)
```

Out

```
DescribeResult(nobs=7, minmax=(0.7, 6.3), ➡
mean=3.4857142857142853, variance=4.064761904761906, ➡
skewness=0.03150596531455972, kurtosis=-1.2740292862952567)
```

6.3.2　随机数组

NumPy 的 random 模块中提供了用于生成使用随机数填充的数组的函数。random.rand 函数可以生成大于 0 小于 1 的浮点数所组成的均匀分布的随机数。在函数的参数中，可以对每个维度的长度进行指定。如果不对参数进行指定，则仅返回一个随机数。清单 6.41 中显示了使用 random.rand 函数生成 4 列的一维数组和 2 行 5 列的二维数组的过程。每次执行这段代码所得到的随机数都是不同的。

清单 6.41 random.rand 函数的示例

In

```
# 4列的一维数组
print(np.random.rand(4))

# 2行5列的二维数组
print(np.random.rand(2, 5))
```

Out

```
[0.34263198 0.18780966 0.84551602 0.59125384]
[[0.49023396 0.25554646 0.42411758 0.80660862 0.47911019]
```

```
[0.52840164 0.91096961 0.36805414 0.54341049 0.96415512]]
```

使用random.randint 函数，可以在指定的数值区间内生成均匀分布的随机数。randint（a）生成的是大于0 小于a 的整数；randint（a,b）生成的是大于a 小于b的整数。函数生成的数组的形状可以通过size 参数进行指定，如果要生成多维数组则需指定元组作为参数。清单6.42中显示了由大于1 小于10 的整数组成的2 行5 列的数组的生成方法。

清单 6.42　random.randint 函数的示例

In
```
np.random.randint(1, 10, size=(2, 5))
```

Out
```
array([[5, 4, 7, 1, 2],
       [1, 6, 8, 3, 7]])
```

此外，还有很多使用各种不同的概率分布生成随机数的函数。例如，可以使用random.randn 函数生成标准正态分布（平均值为0，标准差为1）的随机数。而random.normal 函数则可以通过指定平均数和标准偏差，生成服从正态分布的随机数（见清单6.43）。

清单 6.43　random.randn 函数与 random.normal 函数的示例

In
```
# 标准正态分布
print(np.random.randn(10))

# 平均值为0、标准差为0.5的正态分布
print(np.random.normal(0, 0.5, 10))
```

Out
```
[-0.5956103  -0.02757082 -1.0203202   0.45003827 ➡
-0.73360924  0.4257451
 -0.19696188  0.63708299 -1.0069594   1.64941326]
[-0.45790245 -0.62192656 -0.18880493  0.04751659 ➡
-0.1218642   0.30056696
```

```
 0.04917007   0.35364105  -0.05229081  -0.56656531]
```

使用直方图对数据进行可视化处理，会更方便我们对数据的分布情况进行把握。所谓直方图，是指根据数据的大小将数据划分为多个不同的区间，并使用柱状图对每个区间中数据的数量进行显示的一种图。这些区间被称为桶（bin），而各个区间中数据的数量则被称为频率（frequency）。

清单 6.45 显示了对使用 random.randn 函数生成的服从标准正态分布的随机数数组，进行可视化处理的方法。Matplotlib 中提供了用于创建直方图的 hist 方法。其中，桶的数量可以通过 bins 参数进行指定（默认为 10 个）。

清单 6.44 matplotlib.pyplot 的导入

In

```python
import matplotlib.pyplot as plt
```

清单 6.45 直方图的创建

In

```python
fig, ax = plt.subplots(constrained_layout=True)

ax.hist(np.random.randn(1000), bins=20)
ax.set_xlabel('bin')
ax.set_ylabel('frequency')
```

Out

```
Text(0, 0.5, 'frequency')
```

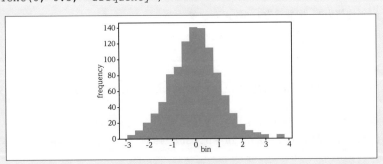

基于NumPy/SciPy 的数值计算及其应用

在编写使用随机数的程序时，为了测试代码，经常需要每次生成完全相同的随机数序列。NumPy 等软件包所生成的随机数也被称为**伪随机数**，是根据种子（一个整数）产生的。每次产生一个新的随机数，程序都会对种子进行更新。使用 random.seed 函数可以对随机数生成器所使用的种子进行设置。如清单 6.46 所示，如果每次都设置相同的种子，则每次生成的随机数都是相同的。这里的代码是将种子设置为 0，这里的 0 本身并没有特殊的含义，可以设置为任意的整数值。

清单 6.46 　 random.seed 函数的示例

In

```
np.random.seed(0)
print(np.random.randn(5))

np.random.seed(0)
print(np.random.randn(5))
```

Out

```
[1.76405235 0.40015721 0.97873798 2.2408932  1.86755799]
[1.76405235 0.40015721 0.97873798 2.2408932  1.86755799]
```

6.3.3　概率分布

SymPy 的 stats 模块可用于处理各种服从不同概率分布的随机变量。例如，使用 Normal 函数可以创建服从正态分布的随机变量对象。可以在函数的参数中指定名称、平均数和标准差。清单 6.47 显示了在参数中指定平均数为 0，标准差为 1 生成标准正态分布的随机数的方法。如果是处理连续概率分布，可以使用 stats.density 函数来获取概率密度函数的公式。

清单 6.47 　 使用 SymPy 求取标准正态分布的概率密度函数

In

```
import sympy as sy
import sympy.stats
```

```
X = sy.stats.Normal('X', 0, 1)
x = sy.symbols('x')
sy.stats.density(X)(x)
```

Out

$$\frac{\sqrt{2}\mathrm{e}^{-\frac{x^2}{2}}}{2\sqrt{\pi}}$$

　　SciPy 的 stats 子软件包中也提供了大量用于表示随机变量的类。包括离散型和连续型在内，总共提供了 100 多种概率分布，可以用于生成那些在 NumPy 的 random 模块中没有提供的概率分布的随机数组。通过调用创建的随机变量对象的方法，还可以对统计量进行计算。其中具有代表性的方法见表 6.1。

表 6.1　随机变量对象主要的成员方法

方　　法	说　　明
mean	平均
median	中位数
std	标准差
var	方差
stats	统计量（平均数、方差、偏度、峰度）
expect	期望值
rvs	生成随机数
pdf	概率密度函数（仅限连续型）
pmf	概率质量函数（仅限离散型）
cdf	累计分布函数
ppf	分位点函数（累计分布函数的逆函数）
interval	以中位数为中心指定概率的区间
fit	推测概率分布的参数（仅限连续型）

　　接下来，看一下 scipy.stats 的使用示例。服从正态分布的随机变量对象可以使用 norm 类来生成，在参数中可以指定平均值和标准差。清

单 6.48 设置的是标准正态分布。在创建好的对象的 stats 方法中指定
'mvsk'，函数就会返回平均值、方差、偏度和峰度。

清单 6.48　　stats 方法的示例

In

```
from scipy import stats

X = stats.norm(0, 1)

# 平均值、方差、偏度、峰度
X.stats('mvsk')
```

Out

```
(array(0.), array(1.), array(0.), array(0.))
```

对于某个点的概率密度函数的值可以通过 pdf 方法获取。如清单
6.49 所示，在参数中设置数组或列表，函数就会将各个点的结果集中
到数组中返回。

清单 6.49　　pdf 方法的示例

In

```
X.pdf([0, 1])
```

Out

```
array([0.39894228, 0.24197072])
```

cdf 方法返回的是小于随机变量所指定的值的概率（累积概率）的
值，ppf 方法返回的是指定累积概率的随机变量的值。例如，在标准正
态分布中，随机变量小于 0 的概率是 50%（见清单 6.50）。

清单 6.50　　cdf 方法和 ppf 方法的示例

In

```
print(X.cdf(0))
print(X.ppf(0.5))
```

Out

```
0.5
0.0
```

interval 方法返回的是以中位数为中心的指定概率的区间。如清单 6.51 所示，指定 90%，返回的是 5% 的点和 95% 的点的值所组成的元组。

清单 6.51　interval 方法的示例

In

```
# X.ppf(0.05), X.ppf(0.95) 也可以
X.interval(0.9)
```

Out

```
(-1.6448536269514729, 1.6448536269514722)
```

服从概率分布的随机数可以使用 rvs 方法来生成。如果是生成一维数组就指定整数；如果是生成更高维度的数组，就使用元组在参数中指定数组的形状。清单 6.52 显示了生成 5 000 个随机数，并使用直方图对其进行可视化的处理方法。此外，程序对概率分布的概率密度函数也进行了叠加显示。hist 方法中指定 density=True，绘制的就是经过归一化（将直方图的总面积变为 1）后的图表。

清单 6.52　rvs 方法的示例

In

```
# 用于绘制概率密度函数的数组
x = np.linspace(X.ppf(0.01), X.ppf(0.99), num=100)

fig, ax = plt.subplots(constrained_layout=True)

# 生成的随机数的直方图
np.random.seed(0)
ax.hist(X.rvs(5000), label='samples', density=True,
        bins=30, alpha=0.5)
# 概率密度函数的统计图
```

基于 NumPy/SciPy 的数值计算及其应用

```
ax.plot(x, X.pdf(x), 'k', label='PDF')
ax.legend()
```

Out

```
<matplotlib.legend.Legend at 0x186ff2b92c8>
```

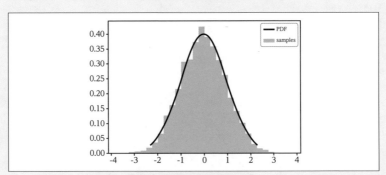

还可以对观测得到的数据的概率分布进行假设，并对其分布的参数进行推测。将数据传递给假设的概率分布的类的 fit 方法，就能得到通过最大似然估计法推测得到的参数。清单 6.53 展示了生成服从标准正态分布的 200 个点的随机数，然后使用这些随机数对正态分布的参数进行推测的方法。此外，程序还分别对真正的概率分布和推测得到的概率分布的概率密度函数进行绘制。

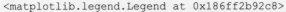 清单 6.53　　fit 方法的示例

In

```
# 根据随机数组推测参数
np.random.seed(0)
samples = X.rvs(200)
mu, std = stats.norm.fit(samples)

# 创建推测得到的参数的正态分布的随机变量对象
X_fit = stats.norm(mu, std)

fig, ax = plt.subplots(constrained_layout=True)

ax.hist(samples, density=True, bins=30, alpha=0.5)
ax.plot(x, X.pdf(x), 'k--', label='True')
```

```
ax.plot(x, X_fit.pdf(x), 'b', label='fit')
# 将推测得到的参数显示到图表的标题中
ax.set_title(f'mu={mu:.5f}, std={std:.5f}')
ax.legend()
```

Out

```
<matplotlib.legend.Legend at 0x186ff47bcc8>
```

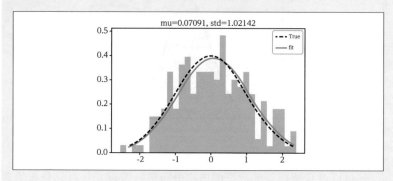

基于NumPy/SciPy 的数值计算及其应用

6.4 插值

> 在本节中，我们将对插值处理中的数值计算的示例进行介绍。

6.4.1 多项式

　　插值（又称内插）是指当给定了若干个数据点时，对这些点之间的近似值进行求解的计算，另外也用于指代对通过所有的点的函数进行求解的一种数学方法。插值的前提是函数必须保证在数据点之间能够产生平滑的变化曲线。

　　通常对于任意的 n 个点都存在 $n-1$ 次的多项式插值。NumPy 的 polynomial 模块提供了大量用于处理多项式的函数和类的实现。类似 $2-3 \times x + 1 \times x^2$ 这样的幂基多项式可以使用 Polynomial 来表示。用于表示这个多项式的对象，可以通过向 Polynomial 类中传递 [2,–3, 1] 来创建（见清单 6.54）。

清单 6.54　　Polynomial 对象的示例

In

```
from numpy.polynomial import Polynomial as P

p = P([2, -3, 1])
p
```

Out

$x \mapsto 2.0-3.0x+1.0x^2$

　　由于 $2-3x+x^2 = (x-1)(x-2)$，因此这个多项式的根就是 1 和 2。使用 fromroots 方法，指定根值也同样可以创建 Polynomial 对象（见清单 6.55）。

　　fromroots 方法的示例

In

```
p = P.fromroots([1, 2])
p
```

Out

$$x \mapsto 2.0 - 3.0x + 1.0x^2$$

　　多项式的根可以使用 roots 方法进行计算。清单 6.56 展示了对多项式的根进行求解的方法。

清单 6.56　　roots 方法的示例

In

```
p.roots()
```

Out

```
array([1., 2.])
```

　　使用创建好的 Polynomial 可以对任意 x 的多项式的值进行计算。可以将 x 的值集中到数组中再指定为参数。清单 6.57 显示的是对多项式 p 在 $x = 0, 1, 1.5$ 的各个点上的值进行计算的方法。

清单 6.57　　多项式的计算

In

```
import numpy as np

p(np.array([0, 1, 1.5]))
```

Out

```
array([ 2.  ,   0.  , -0.25])
```

　　还可以使用算术运算符对多项式进行基本的算术运算。"/"运算符是在使用标量对多项式进行除法运算时使用的。使用多项式对多项式进行除法运算时，则使用"//"运算符。清单 6.58 是使用多项式 $x - 1$ 去

除多项式 $(x-1)(x-2)$，因此结果是 $x-2$。

清单 6.58 多项式的算术运算

In

```
p2 = P.fromroots([1])

p // p2
```

Out

$x \mapsto -2.0 + 1.0x$

还可以对多项式进行微分和积分运算。微分运算使用 derive 方法；积分运算使用 integ 方法。清单 6.59 显示的是对多项式的一阶微分方程 $-3 + 2x$ 进行求解的方法。

清单 6.59 derive 方法的示例

In

```
p.deriv()
```

Out

$x \mapsto -3.0 + 2.0x$

多项式根据其所取的基底的不同，可以表现为各种不同的形式。polynomial 模块除了可以使用 Polynomial 类的幂乘基底之外，还可以使用切比雪夫基底、勒让德基底、拉盖尔基底和埃尔米特基底等来表示多项式。

例如，使用切比雪夫基底来表示多项式，可以使用 Chebyshev 类。从清单 6.60 可以看到，系数的列表 [2.5,−3., 0.5] 被传递给了 Chebyshev 类。这是将 $T_i(x)$ 作为 i 阶的切比雪夫基底来表示多项式 $2.5T_0(x) - 3T_1(x) + 0.5T_2(x)$。

清单 6.60 切比雪夫基底多项式的示例

In

```
from numpy.polynomial import Chebyshev as T
```

```
ch = T([2.5, -3., 0.5])
ch
```

Out

$x \mapsto 2.5T_0(x) - 3.0T_1(x) + 0.5T_2(x)$

🔷 6.4.2 多项式插值

在 NumPy 的多项式的类中，提供了用于计算多项式插值的 fit 方法。只要将数据点的坐标和多项式插值的次数传递给这个方法，即可实现对多项式的插值处理。

清单 6.61 显示了对四个数据点的多项式进行求解的示例。这个例子进行插值需要使用三次（将数据点的数量减去 1 得到的次数）多项式。如果是使用幂乘基底的场合，多项式的插值可以按照如下方式进行计算。

清单 6.61　　fit 方法的示例

In
```
# 数据点的x坐标和y坐标的数组
x = np.array([1, 2, 4, 5])
y = np.array([1, -1, 4, 5])
# 多项式插值的次数
deg = len(x) - 1

p = P.fit(x, y, deg)
p
```

Out

$x \mapsto 1.0000000000000013 + 6.0(-1.5+0.5x)$
$+ 1.999999999999999\,(-1.5+0.5x)^2 - 3.9999999999999987(-1.5+0.5x)^3$

在对多项式插值进行计算时，为了提高计算精度，可以将数据点的 x 坐标的区间线性转换到标准区间 [-1, 1] 中。清单 6.61 中计算得到的多项式插值之所以使用了（$-1.5 + 0.5x$）^{n} 这样的基底，就是因为这个原因。

如清单6.62所示，如果使用convert方法，就能得到使用普通的幂乘基底表示的多项式插值的系数。在这个示例中，多项式插值为 $f(x) = 10 - 13.5x + 5x^2 - 0.5x^3$。

清单 6.62　convert 方法的示例

In

```
p.convert().coef
```

Out

```
array([ 10. , -13.5,    5. ,   -0.5])
```

对于插值的结果，可以使用清单6.64所显示的方法进行可视化处理。

清单 6.63　matplotlib.pyplot 的导入

In

```
import matplotlib.pyplot as plt
```

清单 6.64　插值结果的图形化

In

```
x2 = np.linspace(x.min(), x.max(), 100)

fig, ax = plt.subplots(constrained_layout=True)

# 绘制数据点和多项式插值的结果
ax.plot(x, y, 'o', label='data points')
ax.plot(x2, p(x2), 'b', label='interpolation')
ax.set_xlabel('x')
ax.set_ylabel('y')
ax.legend()
```

Out

```
<matplotlib.legend.Legend at 0x2284dd4fb48>
```

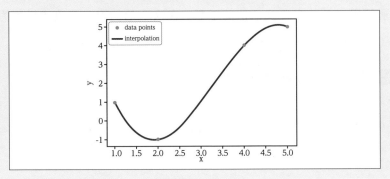

在多项式插值中，只要增加数据点的数量，就会自动对应更高阶的多项式。然而，在对高阶多项式进行插值时可能会出现问题。这里为了演示这个问题，我们将尝试对式（6.17）中所示的函数，在变量区间[-1, 1]上使用9个等间距的分位点，从而对多项式进行插值处理。

$$f(x) = \frac{1}{25x^2 + 1} \tag{6.17}$$

在清单6.65中，首先创建位于函数上的等间距的数据点，并对其进行多项式插值。然后对式（6.17）进行求解后所得到的多项式插值曲线做图形化处理。从结果产生的图表中可以看到，在区间的端点附近，插值结果出现了振荡。这一现象被称为龙格现象，在等间距的数据点中进行高阶多项式插值时会出现。多项式插值中所出现的这一现象具有危险性，因此当数据点较多时，经常会使用样条插值的方式进行处理。

清单 6.65　龙格现象的示例

In

```python
def runge(x):
    return 1 / (25 * x**2 + 1)


x1 = np.linspace(-1, 1, 9)
p = P.fit(x1, runge(x1), 9)
```

```
x2 = np.linspace(-1, 1, 300)

fig, ax = plt.subplots(constrained_layout=True)

ax.plot(x1, runge(x1), 'o', label='data points')
ax.plot(x2, runge(x2), 'k--', label='runge(x)')
ax.plot(x2, p(x2), 'b', label='8th order interpolation')
ax.set_xlabel('x')
ax.set_ylabel('y')
ax.legend()
```

Out

```
C:\Users\mydev\Anaconda3\lib\site- ➡
packages\numpy\polynomial\_polybase.py:877: RankWarning: ➡
The fit may be poorly conditioned
  res = cls._fit(xnew, y, deg, w=w, rcond=rcond, full=full)
<matplotlib.legend.Legend at 0x186ff59c688>
```

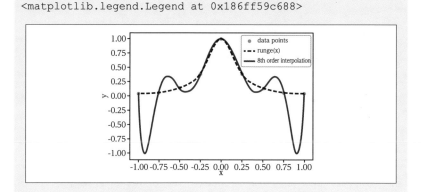

🔷 6.4.3　样条插值

　　下面考虑将插值的区间使用数据点切分成小的区间。当存在 n 个数据点时，邻接的区间中就存在 $n-1$ 个小区间。而对这每一个小区间单独进行多项式插值的处理方法，就被称为分段多项式插值。使用二次以上多项式进行分段多项式插值的计算也被称为样条插值，其中最为常用的是三次样条插值。

　　在 SciPy 的 interpolate 模块中，提供了用于插值的函数的实现。进行三次样条插值可以使用 interp1d 类或 InterpolatedUnivariateSpline

类，也可以在这些类的第一和第二参数中指定数据点 *x* 和 *y* 坐标的数组。在 interp1d 类中，还可以通过 kind 参数对插值的种类和次数进行指定。使用 kind=3（或者 kind='cubic'）就是指定使用三次样条插值进行计算。而在 InterpolatedUnivariateSpline 类中，则可以通过参数 *k* 对样条插值的次数进行选择（默认为三次）。然后将数值或 NumPy 数组传递给创建的对象，就可以实现对任意点中的插值函数进行求值的计算。

下面将使用 InterpolatedUnivariateSpline 类对式（6.17）中的龙格函数的数据点进行三次样条插值（见清单 6.66）。这里也将使用 9 个等间距排列的数据点进行插值。从插值的结果可以看到，这次并没有再出现之前那样的振荡现象。

清单 6.66　龙格函数的三次样条插值

In

```
from scipy import interpolate

spl = interpolate.InterpolatedUnivariateSpline(x1,
                                            runge(x1))

fig, ax = plt.subplots(constrained_layout=True)

ax.plot(x1, runge(x1), 'o', label='data points')
ax.plot(x2, runge(x2), 'k--', label='runge(x)')
ax.plot(x2, spl(x2), 'b', label='3rd order spline')
ax.set_xlabel('x')
ax.set_ylabel('y')
ax.legend()
```

Out

```
<matplotlib.legend.Legend at 0x186ff62cd08>
```

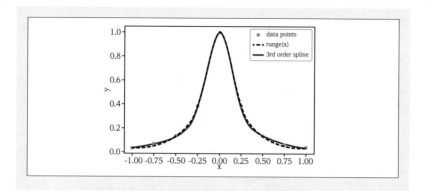

　　当某个区间中的斜度变化较大时，使用样条插值可能导致区间附近的插值结果出现起伏。对于这类数据的插值处理，使用 PchipInterpolator 类的分段三次埃尔米特插值（PCHIP 插值）是比较合适的。在清单6.67中，对三次样条插值与PCHIP 插值的结果进行了比较。从结果中可以看到，PCHIP 插值的结果中没有出现类似三次样条插值那样的起伏现象。

清单 6.67　PCHIP 插值

In

```python
x = np.linspace(-3, 3, 7)
y = np.array([-1, -1, -1, 0, 1, 1, 1])

spl = interpolate.InterpolatedUnivariateSpline(x, y)
pchip = interpolate.PchipInterpolator(x, y)

x2 = np.linspace(-3, 3, 300)

fig, ax = plt.subplots(constrained_layout=True)

ax.plot(x, y, 'o', label='data points')
ax.plot(x2, spl(x2), 'b', label='3rd order spline')
ax.plot(x2, pchip(x2), 'k', label='PCHIP')
ax.set_xlabel('x')
ax.set_ylabel('y')
ax.legend()
```

Out

<matplotlib.legend.Legend at 0x186ff6b7e08>

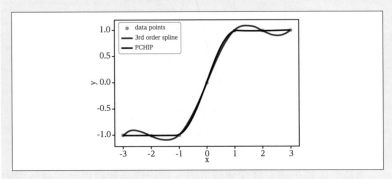

基于NumPy/SciPy 的数值计算及其应用

CHAPTER

7

基于pandas的数据
处理与分析

在 Python 中，可以使用pandas 对结构化的数据进行
高效的处理和分析。在本章中，我们将对pandas 的基本功
能和使用方法进行讲解。

7.1 pandas的准备

> 在本节中，我们将对 pandas 的概要及其使用方法进行讲解。

🔲 7.1.1　何谓 pandas

　　pandas 是一款功能强大，提供了使用方便的数据结构和大量用于数据分析的功能的软件包。特别是 DataFrame 这种处理表格形式的数据结构，在数据分析领域中经常会被使用。pandas 可以直接将文本文件、Excel、SQL 数据库等格式的数据作为 DataFrame 进行存取，可以满足从数据分析的预处理到基本的统计处理中的各种需求。

🔲 7.1.2　pandas 的导入

　　pandas 可以执行如清单 7.1 所示的代码进行模块的导入。通常是将 pandas 以 pd 这一名称进行导入。

清单 7.1　　pandas 的导入

In

```
import pandas as pd
```

读书笔记

7.2 pandas数据结构的创建

在本节中，我们将对pandas 中常用的Series 和DataFrame 对象的创建方法进行讲解。

🔷 7.2.1 Series

pandas 的 Series 对象是用于处理一维数据的数据结构。如清单7.2所示，使用列表或NumPy 的数组的一维数据可以创建Series。在Series 的元素中不仅可以指定数值，还可以指定任意类型的对象。Series 相当于表格数据中的一个列，左侧的列表示行标签，右侧的列则表示值。

清单 7.2   Series 的创建①

In

```
import pandas as pd
import numpy as np

s = pd.Series(np.random.randn(5))
s
```

Out

```
0    0.239471
1    0.109577
2   -0.365545
3    0.835787
4    0.550348
dtype: float64
```

如清单7.3所示，将集中了行标签的列表传递给index 参数，就可以设置Series 的行标签。Series 中可以使用各行的标签名对其中的元素进行访问。此外，可以使用name 参数设置Series 的名称。

清单 7.3　　Series 的创建②

In

```
s = pd.Series(np.random.randn(5), name='X',
             index=['a', 'b', 'c', 'd', 'e'])
s
```

Out

```
a   -1.511994
b    0.191337
c   -0.382243
d    0.224895
e   -1.190197
Name: X, dtype: float64
```

使用字典对象将数据传递给 Series 类，即可创建以这个字典的键值作为行标签的 Series 对象（见清单 7.4）。

清单 7.4　　Series 的创建③

In

```
s = pd.Series({'a':1, 'b':2, 'c':3}, name='X')
s
```

Out

```
a    1
b    2
c    3
Name: X, dtype: int64
```

Series 的名称和行标签可以通过 name 属性和 index 属性进行访问，在创建对象之后再对其进行更改（见清单 7.5）。

清单 7.5　　访问 Series 的名称和行标签

In

```
s.name = 'Y'
s.index = ['d', 'e', 'f']
s
```

Out

```
d    1
e    2
f    3
Name: Y, dtype: int64
```

pandas 还提供了可以对 Series 对象的形状、值和数据类型进行访问的属性（见清单7.6）。

清单 7.6　　访问 Series 的形状、值和数据类型

In

```
print(s.shape)
print(s.values)
print(s.dtype)
```

Out

```
(3,)
[1 2 3]
int64
```

7.2.2　DataFrame

DataFrame 是由多个 Series 对象组合而成的对象，因此，其中包括了行与列表格形式的数据结构。DataFrame 中不仅可以设置行标签，而且可以设置列标签。如清单7.7所示，将二维的列表或 NumPy 的数组传递给 DataFrame 类，即可创建 DataFrame 对象。此外，行和列的标签可以通过index 参数和columns参数进行设置。

清单 7.7　　DataFrame 的创建①

In

```
np.random.seed(0)
df = pd.DataFrame(
    np.random.randn(5, 3),
    index=['a', 'b', 'c', 'd', 'e'],
    columns=['X', 'Y', 'Z']
```

```
)
df
```

	X	Y	Z
a	1.764052	0.400157	0.978738
b	2.240893	1.867558	-0.977278
c	0.950088	-0.151357	-0.103219
d	0.410599	0.144044	1.454274
e	0.761038	0.121675	0.443863

　　将列标签传递给作为键值的字典，也同样可以创建 DataFrame（见清单 7.8）。

清单 7.8　　DataFrame 的创建②

In
```
df = pd.DataFrame(
    {'X': [1, 2, 3, 4], 'Y': ['5', '6', '7', '8']},
    index=['a', 'b', 'c', 'd']
)
df
```

Out

	X	Y
a	1	5
b	2	6
c	3	7
d	4	8

　　DataFrame 中各个列的数据类型可以通过 dtypes 属性进行访问（见清单 7.9）。

清单 7.9　　dtypes 属性的示例

In

```
df.dtypes
```

Out

```
X     int64
Y     object
dtype: object
```

7.3 DataFrame的基本操作

在本节中，我们将对DataFrame 的基本操作方法进行讲解。

7.3.1 数据的显示

首先，将执行清单7.10中的代码来创建DataFrame的示例。

清单 7.10　　DataFrame 的创建

In

```
np.random.seed(0)
df = pd.DataFrame(
    np.random.randn(6, 3),
    index=['a', 'b', 'c', 'd', 'e', 'f'],
    columns=['X', 'Y', 'Z']
)
df
```

Out

	X	Y	Z
a	1.764052	0.400157	0.978738
b	2.240893	1.867558	-0.977278
c	0.950088	-0.151357	-0.103219
d	0.410599	0.144044	1.454274
e	0.761038	0.121675	0.443863
f	0.333674	1.494079	-0.205158

如清单7.11所示，调用DataFrame 对象的info方法，就可以显示DataFrame 对象的概要信息。可以对每个列的数据的数量、类型及DataFrame的内存占用量等信息进行确认。

清单 7.11 info 方法的示例

In

```
df.info()
```

Out

```
<class 'pandas.core.frame.DataFrame'>
Index: 6 entries, a to f
Data columns (total 3 columns):
 #   Column  Non-Null Count  Dtype
---  ------  --------------  -----
 0   X       6 non-null      float64
 1   Y       6 non-null      float64
 2   Z       6 non-null      float64
dtypes: float64(3)
memory usage: 192.0+ bytes
```

当需要对较大的 DataFrame 的内容进行确认时，使用 head 方法是非常方便的。调用 head 方法，即可如清单 7.12 所示显示开头的五行数据。此外，还可以在参数中指定需要显示的行数。

清单 7.12 head 方法的示例

In

```
df.head()
```

Out

	X	Y	Z
a	1.764052	0.400157	0.978738
b	2.240893	1.867558	-0.977278
c	0.950088	-0.151357	-0.103219
d	0.410599	0.144044	1.454274
e	0.761038	0.121675	0.443863

相反，如果需要对位于末尾的数据进行确认，则可以使用 tail 方法。清单 7.13 中显示的是对末尾的三行数据进行显示的方法。

清单 7.13　　tail 方法的示例

In

```
df.tail(3)
```

Out

	X	Y	Z
d	0.410599	0.144044	1.454274
e	0.761038	0.121675	0.443863
f	0.333674	1.494079	-0.205158

　　行标签和列标签可以使用index 属性和columns 属性进行引用（见清单7.14）。

清单 7.14　　index 属性的示例

In

```
df.index
```

Out

```
Index(['a', 'b', 'c', 'd', 'e', 'f'], dtype='object')
```

　　以 NumPy 数组的形式提取 DataFrame 中的数据时，可以使用 values 属性。清单 7.15使用 values 属性对开头 3 行的值进行了显示。

清单 7.15　　values 属性的示例

In

```
df.values[:3, :]
```

Out

```
array([[ 1.76405235,  0.40015721,  0.97873798],
       [ 2.2408932 ,  1.86755799, -0.97727788],
       [ 0.95008842, -0.15135721, -0.10321885]])
```

7.3.2 统计量的计算

pandas 的数据结构中提供了计算基本的统计量的方法。DataFrame 中，各个列的平均值和标准偏差可以使用mean 方法和std 方法进行求取。此外，pandas还提供了可以将基本的统计量进行显示的describe 方法(见清单7.16)。

清单 7.16 describe 方法的示例

In

```
df.describe()
```

Out

	X	Y	Z
count	6.000000	6.000000	6.000000
mean	1.076724	0.646026	0.265203
std	0.766714	0.828799	0.878143
min	0.333674	–0.151357	–0.977278
25%	0.498208	0.127267	–0.179673
50%	0.855563	0.272100	0.170322
75%	1.560561	1.220599	0.845019
max	2.240893	1.867558	1.454274

7.3.3 数据的访问

我们可以使用各种不同的方法对DataFrame 中的数据进行访问。其中，最简单的方法是使用访问字典数据的[ ] 下标符号。如果需要访问某一列数据，可以如清单7.17 所示指定列标签。在这个示例中访问的是X 的列数据，而提取出来的列数据是一个Series 对象。

清单 7.17 使用列标签访问数据

In

```
df['X']
```

Out

```
a    1.764052
b    2.240893
c    0.950088
d    0.410599
e    0.761038
f    0.333674
Name: X, dtype: float64
```

如果需要同时指定访问的是哪一行的数据，可以使用loc 属性。loc 属性中用下标符号指定行标签和列标签。虽然可以使用标签名指定切片的范围，但是需要注意的是，指定的终止元素也会包含在所指定的范围内。清单7.18访问的是X 列的b 行到e 行的数据。

清单 7.18　　loc 属性的示例①

In

```
df.loc['b':'e', 'X']
```

Out

```
b    2.240893
c    0.950088
d    0.410599
e    0.761038
Name: X, dtype: float64
```

如清单7.19所示，如果只对行标签进行指定，则可以将该行作为一个Series 对象进行访问。

清单 7.19　　loc 属性的示例②

In

```
df.loc['a']
```

Out

```
X    1.764052
Y    0.400157
Z    0.978738
```

```
Name: a, dtype: float64
```

当需要访问不连续的多个行或列时，可以将标签名集中到列表中进行指定。清单7.20访问的是X列和Z列的b行到e行的数据。

清单 7.20   loc 属性的示例③

In

```
df.loc['b':'e', ['X', 'Z']]
```

Out

	X	Z
b	2.240893	−0.977278
c	0.950088	−0.103219
d	0.410599	1.454274
e	0.761038	0.443863

如果不使用标签名，而是使用索引对范围进行选择时，可以使用iloc 属性。清单7.21访问的是第2列中的前3行数据。

清单 7.21   iloc 属性的示例

In

```
df.iloc[:3, 1]
```

Out

```
a    0.400157
b    1.867558
c   -0.151357
Name: Y, dtype: float64
```

DataFrame 中特定的值可以通过 at 属性进行选择（见清单7.22）。虽然使用loc 属性也同样可以访问一个值，但是从处理速度上来比较，使用at 属性会更高效。

清单 7.22　　at 属性的示例

In

```
df.at['a', 'X']
```

Out

```
1.764052345967664
```

　　访问索引的特定的值时，可以使用iat 属性（见清单7.23）。使用这个属性的处理速度也比使用iloc 属性更为高效。

清单 7.23　　iat 属性的示例

In

```
df.iat[1, 2]
```

Out

```
-0.977277879876411
```

7.3.4　基本的运算

　　如果数据的类型为数值，那么就可以使用算术运算符对其进行四则运算。如果是将 DataFrame 对象与一个数值进行计算，那么就对 DataFrame 中的各个元素与该数值进行计算。Series 与数值的计算也使用同样的处理方式。执行清单7.24中的代码，就可以创建出对各个元素加上 10 后所得到的 DataFrame 对象。

清单 7.24　　算术运算的示例①

In

```
df + 10
```

Out

	X	Y	Z
a	11.764052	10.400157	10.978738
b	12.240893	11.867558	9.022722
c	10.950088	9.848643	9.896781
d	10.410599	10.144044	11.454274
e	10.761038	10.121675	10.443863
f	10.333674	11.494079	9.794842

当两个DataFrame 的形状相同，即行数和列数相同，就可以在这两个DataFrame 之间进行运算。在这种情况下，是在二者同一位置上的元素之间进行计算。清单7.25创建的是将各个元素的值乘以2 倍的DataFrame 对象。

清单 7.25　算术运算的示例②

In
```
df + df
```

Out

	X	Y	Z
a	3.528105	0.800314	1.957476
b	4.481786	3.735116	-1.954556
c	1.900177	-0.302714	-0.206438
d	0.821197	0.288087	2.908547
e	1.522075	0.243350	0.887726
f	0.667349	2.988158	-0.410317

Series 对象之间的运算，也是对同一位置上的元素进行计算，返回的结果也是一个Series 对象。清单7.26是将X 列和Y 列相加的结果作为X+Y 列添加到DataFrame 中。由此可见，可以在创建了DataFrame 之后再向其中添加数据。

In

```
df['X+Y'] = df['X'] + df['Y']
df
```

Out

	X	Y	Z	X+Y
a	1.764052	0.400157	0.978738	2.164210
b	2.240893	1.867558	−0.977278	4.108451
c	0.950088	−0.151357	−0.103219	0.798731
d	0.410599	0.144044	1.454274	0.554642
e	0.761038	0.121675	0.443863	0.882713
f	0.333674	1.494079	−0.205158	1.827753

　　相反的，如果需要对 DataFrame 的行或列进行删除操作时，可以使用 drop 方法。在参数中指定 axis=1 即可删除列。此外，通常情况下这一操作会产生一个新的 DataFrame 对象，但是如果在参数中指定 inplace=True，原有的 DataFrame 就会被更新。执行清单 7.27 中的代码，X+Y 列的数据就会被删除。

清单 7.27　删除列

In

```
df.drop('X+Y', axis=1, inplace=True)
df
```

Out

	X	Y	Z
a	1.764052	0.400157	0.978738
b	2.240893	1.867558	−0.977278
c	0.950088	−0.151357	−0.103219
d	0.410599	0.144044	1.454274
e	0.761038	0.121675	0.443863
f	0.333674	1.494079	−0.205158

与算术运算符类似，还可以使用比较运算符对DataFrame 对象进行运算。如清单7.28所示，将DataFrame 对象与数值进行比较，即可创建出由各个元素与数值的比较结果所组成的DataFrame 对象。

清单 7.28　　比较运算的示例

In
```
df > 0
```

Out

	X	Y	Z
a	True	True	True
b	True	True	False
c	True	False	False
d	True	True	True
e	True	True	True
f	True	True	False

对于元素为布尔值的DataFrame 对象，可以使用逻辑运算符进行计算。如清单7.29所示，使用"～"运算符将各个元素翻转。如果要表示逻辑与和逻辑或，可以分别使用"&"和"|"运算符。通过将这些运算符进行组合运用，就可以实现复杂条件的布尔值的DataFrame 对象创建。

清单 7.29　　逻辑运算的示例

In
```
~(df > 0)
```

	X	Y	Z
a	False	False	False
b	False	False	True
c	False	True	True
d	False	False	False
e	False	False	False
f	False	False	True

还可以将 pandas 的数据结构传递给 NumPy 的通用函数。函数会对数据结构的各个元素进行处理，并将结果返回。清单 7.30 是将 DataFrame 对象传递给 NumPy 的 abs 函数，创建由各个元素的绝对值所组成的 DataFrame 对象。

清单 7.30　通用函数的示例

In

```
np.abs(df)
```

Out

	X	Y	Z
a	1.764052	0.400157	0.978738
b	2.240893	1.867558	0.977278
c	0.950088	0.151357	0.103219
d	0.410599	0.144044	1.454274
e	0.761038	0.121675	0.443863
f	0.333674	1.494079	0.205158

使用 DataFrame 对象的 apply 方法，可以将各行或各列的数据传递给指定的函数，并创建由这些返回值所构成的数据结构。在 apply 方法

的参数中指定需要调用的函数对象。如果是指定简单的自定义函数，可以使用lambda 表达式来简化代码的编写。清单7.31是将各列数据代入到局部变量x 中，对max（x）–min（x）进行计算，并创建由该返回值所组成的Series 对象。默认是对每一列数据调用函数，如果需要对每一行数据调用函数进行处理，可以在apply 方法的参数中指定axis=1。

清单 7.31　　apply 方法的示例

In
```
df.apply(lambda x: max(x) - min(x))
```

Out
```
X    1.907219
Y    2.018915
Z    2.431551
dtype: float64
```

7.3.5　过滤

从DataFrame 对象中提取满足特定条件的数据时，可以通过过滤操作来实现。如清单7.32所示，可以在下标符号中对由布尔值组成的相同形状的DataFrame 对象进行指定。在这个示例中，将大于0 的元素进行保留，而不满足条件的元素将被设置为缺失值NaN（Not a Number）。

清单 7.32　　过滤操作的示例①

In
```
df[df>0]
```

	X	Y	Z
a	1.764052	0.400157	0.978738
b	2.240893	1.867558	NaN
c	0.950088	NaN	NaN
d	0.410599	0.144044	1.454274
e	0.761038	0.121675	0.443863
f	0.333674	1.494079	NaN

如果已经指定了元素为布尔值的 Series 对象，那么就只有元素为 True 的行会被选择。清单7.33选择的是 Z 列中元素大于 0 的行。

清单 7.33　　过滤操作的示例②

In

```
df[df['Z']>0]
```

Out

	X	Y	Z
a	1.764052	0.400157	0.978738
d	0.410599	0.144044	1.454274
e	0.761038	0.121675	0.443863

对满足条件的行进行提取操作时，还可以使用loc 属性实现。清单 7.34是先将DataFrame 对象中Z列的元素大于0的行保留，然后再从中选择X列的数据。

清单 7.34　　过滤操作的示例③

In

```
df.loc[df['Z']>0, 'X']
```

基于pandas的数据处理与分析

Out

```
a    1.764052
d    0.410599
e    0.761038
Name: X, dtype: float64
```

　DataFrame 对象的 where 方法，可以用于创建将不满足条件的元素设置为 NaN 后的 DataFrame 对象；也可以如清单 7.35 所示在第二个参数中指定用于替换的值。这个示例中是将不满足条件的元素全部替换为 0。

清单 7.35　where 方法的示例

In

```
df.where(df>0, 0)
```

Out

	X	Y	Z
a	1.764052	0.400157	0.978738
b	2.240893	1.867558	0.000000
c	0.950088	0.000000	0.000000
d	0.410599	0.144044	1.454274
e	0.761038	0.121675	0.443863
f	0.333674	1.494079	0.000000

　相反的，如果要创建将符合条件的元素设置为 NaN 的 DataFrame 对象，则可以使用 mask 方法。清单 7.36 是创建将 Z 列元素中大于 0 的元素替换为 0 后的 DataFrame 对象。

清单 7.36　mask 方法的示例

In

```
df.mask(df['Z']>0, 0)
```

Out

	X	Y	Z
a	0.000000	0.000000	0.000000
b	2.240893	1.867558	−0.977278
c	0.950088	−0.151357	−0.103219
d	0.000000	0.000000	0.000000
e	0.000000	0.000000	0.000000
f	0.333674	1.494079	−0.205158

🔷 7.3.6 数据的排序

　　DataFrame 对象的 sort_index 方法是用于对行标签或列标签按照升序或降序对数据进行排序的方法。清单 7.37 按照行标签的降序对数据进行了排序，通过将 ascending 参数设置为 True 和 False 来选择采用升序还是降序排列。此外，如果要根据列标签进行排序时，可以在参数中指定 axis=1 。

清单 7.37　　sort_index 方法的示例

In

```
df.sort_index(ascending=False)
```

Out

	X	Y	Z
f	0.333674	1.494079	−0.205158
e	0.761038	0.121675	0.443863
d	0.410599	0.144044	1.454274
c	0.950088	−0.151357	−0.103219
b	2.240893	1.867558	−0.977278
a	1.764052	0.400157	0.978738

　　如果需要按照某个行或列的值进行排序，则可以使用sort_values方法。清单7.38是将X列的值按降序排列的示例。

清单 7.38　　　sort_values 方法的示例

In

```
df.sort_values('X', ascending=False)
```

Out

	X	Y	Z
b	2.240893	1.867558	−0.977278
a	1.764052	0.400157	0.978738
c	0.950088	−0.151357	−0.103219
e	0.761038	0.121675	0.443863
d	0.410599	0.144044	1.454274
f	0.333674	1.494079	−0.205158

7.3.7　DataFrame 的合并

　　将多个DataFrame 对象合并成一个DataFrame 对象有几种不同的实现方法。为了对这些方法进行说明，我们在清单7.39～清单7.41中准备了三个DataFrame 对象。

清单 7.39　　　DataFrame 的创建①

In

```
df1 = pd.DataFrame({'X': [1, 2, 3], 'Y': [-1, -2, -3]},
                  index=['a', 'b', 'c'])
df1
```

Out

	X	Y
a	1	−1
b	2	−2
c	3	−3

In

```
df2 = pd.DataFrame({'X': [4, 5, 6], 'Y': [-4, -5, -6]},
                   index=['d', 'e', 'f'])
df2
```

Out

	X	Y
d	4	-4
e	5	-5
f	6	-6

清单 7.41　　　DataFrame 的创建③

In

```
df3 = pd.DataFrame({'X': [7, 8, 9], 'Z': [-7, -8, -9]},
                   index=['a', 'b', 'c'])
df3
```

Out

	X	Z
a	7	-7
b	8	-8
c	9	-9

　　如果需要在指定的方向上合并多个DataFrame，可以使用concat 函数。默认是将指定的 DataFrame 在纵向上进行合并。例如，清单 7.42 是对 df1 和 df2 在纵向上进行合并。

清单 7.42　　　concat 函数的示例①

In

```
pd.concat([df1, df2])
```

Out

	X	Y
a	1	-1
b	2	-2
c	3	-3
d	4	-4
e	5	-5
f	6	-6

　如果在参数中指定axis=1，DataFrame 对象就会在横向上合并。例如，清单7.43 是对df2 和df1 在横向上进行合并。对于不存在值的位置自动使用NaN进行填充。函数默认的行为是，输出的DataFrame对象的数据会将行标签升序进行排列。如果在参数中指定sort=False，就可以取消对数据的排序处理。

清单 7.43　concat 函数的示例②

In
```
pd.concat([df2, df1], axis=1, sort=False)
```

Out

	X	Y	X	Y
d	4.0	-4.0	NaN	NaN
e	5.0	-5.0	NaN	NaN
f	6.0	-6.0	NaN	NaN
a	NaN	NaN	1.0	-1.0
b	NaN	NaN	2.0	-2.0
c	NaN	NaN	3.0	-3.0

　在参数中指定join='inner'，可以只对那些列标签相同的列进行合并。df1 和df3 中只有X 列的标签是相同的，因此，执行清单7.44中的

代码，就可以创建出由 df1 和 df3 的 X 列合并而成的 DataFrame 对象。

清单 7.44　　concat 函数的示例③

In

```
pd.concat([df1, df3], join='inner')
```

Out

	X
a	1
b	2
c	3
a	7
b	8
c	9

　　如果在多个 DataFrame 对象中存在具有相同名称的列，就可以使用 merge 函数或 DataFrame 对象的 merge 方法进行合并。它们可以返回将同名的列中的数据合并成同一行后的 DataFrame 对象。接下来，我们先执行清单 7.45 和清单 7.46 中的代码，对包含 key 列的 df1 和 df2 进行定义。df1 和 df2 的 key 列中相同的值是 'k1' 和 'k2'。

清单 7.45　　concat 函数的示例④

In

```
df1['key'] = ['k0', 'k1', 'k2']
df1
```

Out

	X	Y	key
a	1	−1	k0
b	2	−2	k1
c	3	−3	k2

清单 7.46 concat 函数的示例⑤

In

```
df2['key'] = ['k1', 'k2', 'k3']
df2
```

Out

	X	Y	key
d	4	-4	k1
e	5	-5	k2
f	6	-6	k3

在 on 参数中指定作为键值的列，并调用 merge 函数。清单 7.47 中是在参数 on 中指定 key 列，对 df1 和 df2 进行合并。如果在合并的 DataFrame 对象中存在重复的列名称，程序就会自动为其分配类似 X_x 这样的名称进行区分。

清单 7.47 merge 函数的示例①

In

```
pd.merge(df1, df2, on='key')
```

Out

	X_x	Y_x	key	X_y	Y_y
0	2	-2	k1	4	-4
1	3	-3	k2	5	-5

虽然默认是将作为键的列值相同的行集中在一起，但是我们也可以使用 how 参数对合并的方法进行选择。例如，指定 how='left'，函数会根据第一个参数中的 DataFrame 对象的 key 列进行合并。在清单 7.48 中则是指定 how='outer'，同时使用两个 DataFrame 对象的 key 列进行合并。

In

```
pd.merge(df1, df2, on='key', how='outer')
```

Out

	X_x	Y_x	key	X_y	Y_y
0	1.0	−1.0	k0	NaN	NaN
1	2.0	−2.0	k1	4.0	−4.0
2	3.0	−3.0	k2	5.0	−5.0
3	NaN	NaN	k3	6.0	−6.0

7.3.8 分组

DataFrame 对象的 groupby 方法是用于在指定的列上对数据进行分组，并以分组为单位对数据进行处理的成员方法。首先我们将创建清单 7.49 所示的 DataFrame 对象。

清单 7.49   DataFrame 的创建

In

```
df = pd.DataFrame({
    'X': ['a', 'c', 'b', 'a', 'b', 'c'],
    'Y': [1, 3, 2, 3, 2, 3],
    'Z': np.random.randn(6)
})
df
```

Out

	X	Y	Z
0	a	1	0.313068
1	c	3	−0.854096
2	b	2	−2.552990
3	a	3	0.653619
4	b	2	0.864436
5	c	3	−0.742165

基于pandas的数据处理与分析

这个DataFrame对象的X列中包含了从a到c的字符串。清单7.50
是对X列中包含相同的值的行使用groupby方法进行分组，然后使用
sum方法计算每个分组的合计值。当然，不仅可以使用sum方法，还
可以使用对统计量进行计算的mean和std等方法。

清单 7.50　　　groupby方法的示例①

In

```
df.groupby('X').sum()
```

Out

X	Y	Z
a	4	0.966686
b	4	−1.688554
c	6	−1.596261

还可以将多个列名称集中到一个列表中进行指定。清单7.51是对
X列和Y列的值进行组合并分组，并且对每个分组中的最大值进行
计算。

清单 7.51　　　groupby方法的示例②

In

```
df.groupby(['X', 'Y']).max()
```

Out

X	Y	Z
a	1	0.313068
	3	0.653619
b	2	0.864436
c	3	−0.742165

7.4 DataFrame图表的创建

在本节中，我们将对使用 Matplotlib 和 Seaborn 创建 DataFrame 图表的方法进行讲解。

🔷 7.4.1　Matplotlib

pandas 的 Series 和 DataFrame 中提供了 plot 方法，调用这个方法可以将对象中的数据绘制成图表。在 Jupyter Notebook 中创建图表时需要事先导入 matplotlib.pyplot 模块（见清单 7.52）。清单 7.53 创建的是服从正态分布的数据所组成的 DataFrame 对象，并将各个列的数据绘制成直方图。需要绘制的图表的种类可以使用 kind 参数指定。此外，图表的种类也可以采用类似 df.plot.hist 的形式进行选择。

| 清单 7.52 | matplotlib.pyplot 的导入 |

In

```
import matplotlib.pyplot as plt
```

| 清单 7.53 | 使用 Matplotlib 创建的直方图 |

In

```
df = pd.DataFrame({
    'a': np.random.randn(1000),
    'b': np.random.normal(2, 0.8, 1000),
    'c': np.random.normal(4, 1.0, 1000),
    'd': np.random.normal(6, 1.2, 1000)
})

# df.plot.hist(alpha=0.5, bins=30) 也可以
df.plot(kind="hist", alpha=0.5, bins=30)
```

Out

```
<matplotlib.axes._subplots.AxesSubplot at 0x1e913863908>
```

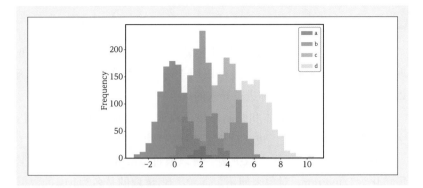

当需要对多个图表并排进行绘制时，可以使用plt.subplots 等函数。如清单 7.54 所示，将绘图位置的 Axes 对象传递给plot 方法的ax 参数即可。在这个示例中，将数据的箱形图和推测的概率密度函数的图表并排进行显示。

清单 7.54　　plt.subplots 函数的示例

In

```
fig, axs = plt.subplots(1, 2, figsize=(8, 4),
                        constrained_layout=True)

df.plot(ax=axs[0], kind='box')
df.plot(ax=axs[1], kind='kde')
```

Out

```
<matplotlib.axes._subplots.AxesSubplot at 0x1e914232a08>
```

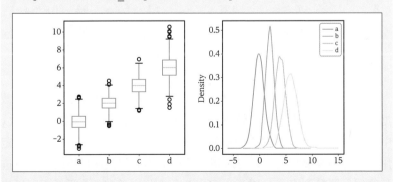

Seaborn是在Matplotlib的基础上编写而成的面向统计的可视化处理软件库。Seaborn提供了大量可以用于协助数据分析的图表绘制函数，通常是以sns这一名称进行导入的。

图表中所使用的字体和绘制风格可以通过sns.set函数进行设置。字体使用font参数指定，也支持指定使用的日语字体。

Seaborn中提供了样本数据集，可以通过load_dataset函数将数据集转化为DataFrame对象来使用。清单7.55读取的是名为iris的数据集。这是一个包含了setosa、versicolor、virginica三个种类的鸢尾花的萼片（sepal）、花瓣（petal）的长度及宽度数据的数据集。

| 清单 7.55 | 读取 iris 数据集 |

In

```
import seaborn as sns

df = sns.load_dataset('iris')
df.head()
```

Out

	sepal_length	sepal_width	petal_length	petal_width	species
0	5.1	3.5	1.4	0.2	setosa
1	4.9	3.0	1.4	0.2	setosa
2	4.7	3.2	1.3	0.2	setosa
3	4.6	3.1	1.5	0.2	setosa
4	5.0	3.6	1.4	0.2	setosa

清单7.56绘制的是各个鸢尾花的sepal_length和sepal_width等数据的散点图。散点图可以使用scatterplot函数绘制，在参数x和参数y中，可以对需要绘制的数据中的列进行指定。在hue参数中可以指定用于区分图表颜色的列，对所指定的列的不同的值使用不同的颜色进行绘制。同时使用style参数，可以为每个指定的列的值设置不同风格

的标识，以便于区分。

清单 7.56　　Seaborn 绘制的散点图

In

```
sns.scatterplot(x=df.sepal_length, y=df.sepal_width,
                hue=df.species, style=df.species)
```

Out

```
<matplotlib.axes._subplots.AxesSubplot at 0x1e9161c3148>
```

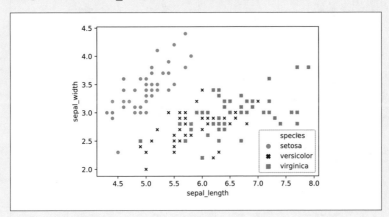

　　Seaborn 的 pairplot 函数可以根据指定的 DataFrame 对象，绘制相应的散点图矩阵（Pair plot）。如果散点图矩阵中包含多个变量，就是将所有的两个变量的组合绘制成散点图，并按网格形状进行排列。如果使用了 hue 参数，就会在散点图矩阵的对角元素中显示推测的概率密度函数的曲线。如清单 7.57 所示，将 DataFrame 对象传递给 pairplot 函数的 data 参数，用于区分颜色的列标签则在 hue 参数中进行指定。

清单 7.57　　使用 Seaborn 创建的散点图矩阵

In

```
sns.pairplot(data=df, hue='species')
```

Out

```
<seaborn.axisgrid.PairGrid at 0x1e9141be188>
```

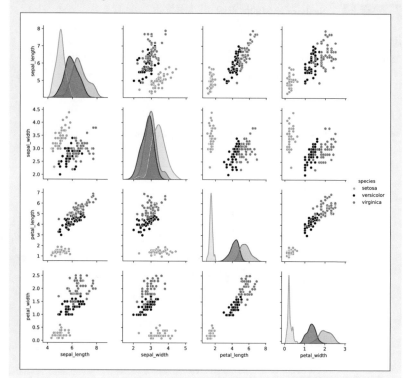

基于pandas的数据处理与分析

CHAPTER

8

数据文件的存取

在本章中，我们将对数据在接收和传递过程中常用的
CSV格式、JSON格式的文本文件及Excel文件的存取方法进
行讲解。

8.1 文本文件的简单存取

> 在本节中，我们将对最基本的文本文件的存取方法进行讲解。

🔷 8.1.1 文本文件的准备

我们可以使用IPython的"%%writefile"命令，将单元的内容存入到指定的文件中。如果已经存在同一名称的文件，该文件就会被覆盖。文件的编码方式为UTF-8。

执行清单8.1中的代码就可以创建file.txt文件。单元中第二行之后的内容会被存入到该文件中。

清单 8.1   %%writefile 命令的示例

In

```
%%writefile file.txt
sample
样本
```

Out

```
Writing file.txt
```

🔷 8.1.2 使用 open 函数读文件

接下来，我们将从刚才准备好的文本文件中读取数据。这一操作如清单8.2所示，使用Python的内嵌函数open函数来实现，它会将指定的文件打开并返回该文件对象。

在文件路径中指定相对路径或绝对路径都是可以的。相对路径表示正在执行中的程序所在的位置；绝对路径表示从系统的根目录开始的路径。Windows 的文件夹的层级是用"\"（反斜杠）表示的，因此，我们需要使用类似r'C:\test\file.txt'这样的 raw 字符串来表示路径。

文件的编码方式可以使用encoding 参数进行指定。由于系统默认的编码方式在不同的操作系统中会有所不同，因此一定要明确指定encoding 参数。在清单8.2中读取的是UTF-8编码的文件，因此在encoding 参数中指定的是'utf-8'。

清单 8.2　　　以只读模式打开文本文件

In

```
f = open(r'file.txt', encoding='utf-8')
f
```

Out

```
<_io.TextIOWrapper name='file.txt' mode='r' encoding='utf-8'>
```

此外，打开文件的模式可以使用mode 参数进行指定。open 函数所支持的模式见表8.1。其中，允许同时进行读写的模式附带了"+"符号。mode 参数的默认值为r，因此清单8.2使用的是只读模式打开文件。此外，如果在这个模式的字符前面加上b，就能以读写二进制数据的模式打开文件。

表8.1　open 函数支持的各种模式

	r	r+	w	w+	x	x+	a	a+
只读	○	○	×	○	×	○	×	○
只写	×	○	○	○	○	○	○	○
创建新的文件	×	×	○	○	○	○	○	○
删除原有文件	×	×	○	○	×	×	×	×
向原有文件末尾添加数据	×	×	×	×	×	×	○	○

如清单8.3所示使用for 语句可以逐行读取文件的字符串。print 函数默认是输出之后会自动换行。如果在end 参数中指定空字符串，就不会自动换行。

清单 8.3　　输出文本的内容

In

```
for line in f:
    print(line, end='')
```

Out

```
sample
样本
```

当完成文件操作之后，必须释放文件对象。调用文件对象的close方法就可以将文件关闭，并释放文件对象。

清单 8.4　　关闭文件

In

```
f.close()
```

文件对象中还提供了读取文件内容的方法。使用文件对象的read方法，可以将文件中的所有内容作为一个字符串进行接收。而readlines方法则是将文件的内容以行为单位进行读取，并将读取的内容保存到列表对象中进行返回。

8.1.3　使用open函数写文件

当需要对文件进行写入时，可以使用只写模式打开文件。清单8.5是以覆盖现有文件的只写模式打开文件，并使用write方法将指定的字符串写入到文件中。

清单 8.5　　以只写模式打开文本文件

In

```
f = open('file.txt', 'w+', encoding='utf-8')
f.write('第1 行\n第2 行\n')
```

Out

```
10
```

　　如清单 8.6 所示，尝试将文件的内容进行输出后，就可以对已经保存到文件中的字符串进行确认。在文件对象中包含类似光标的位置信息，用于记录文件中当前位置所对应的信息。经过刚才对文件的写入操作后，文件对象中的当前位置已经移动到了文件的结尾处。而清单 8.6 中的 f.seek（0）则是将当前位置恢复到文件的开头处的命令。

清单 8.6　　输出文件的内容

In
```
f.seek(0)

for line in f:
    print(line, end='')

f.close()
```

Out
```
第1行
第2行
```

8.1.4　with 语句

　　当我们在实际中使用 open 函数时，推荐使用 with 复合语句。可以简单地将 with 语句理解成是可以确保完成操作后文件会被自动关闭的命令。当程序的执行范围离开了 with 语句的作用域时，程序就会自动调用文件对象的 close 方法将文件关闭。

　　清单 8.7 显示了使用 with 语句读取文本文件的方法。首先，在 with 关键字的后面调用 open 函数，并将返回的文件对象代入到 as 关键字后面所指定的变量中。这样 with 语句的代码块就会开始执行，而且无论代码块中的处理最后是成功结束，还是发生错误，文件对象都会被自动释放。

In

```
with open('file.txt', encoding='utf-8') as f:
    for line in f:
        print(line, end='')
```

Out

第1行
第2行

8.2 CSV格式的运用

在本节中,我们将对CSV 格式的文本文件的存取方法进行讲解。

🔵 8.2.1　使用 open 函数读写 CSV 文件

通常情况下，数据集都是存储在外部文件中的，因此需要将其读入到 Python 中。CSV（Comma-Separated Values）是一种用于存储表格数据的文本文件格式。这种格式通常都是使用","（逗号）将数据项隔开，有时也可以使用空格或制表符作为分隔符。通常开头的几行都是用于保存注释或列名称的。首先我们将执行清单 8.8 中的代码创建 data.csv，并将其作为样本。

清单 8.8　创建样本文件

In

```
%%writefile data.csv
样本数据
x,y,z
0.1,1.0,-2.0
0.2,1.2,-1.9
0.3,1.3,-1.8
0.4,1.4,-1.7
```

Out

```
Writing data.csv
```

由于 CSV 文件的内容是文本数据，因此可以使用 8.1 节中所讲解的 open 函数对其进行存取。此外，Python 的标准库中提供了从 CSV 文件中读取数据的 csv 模块。清单 8.9 是将文件对象传递给 csv.reader 函数，并使用列表闭包语法将文件的内容作为列表对象读取出来。需要注意的是，生成的列表中的元素都是字符串类型的对象。

清单 8.9　　csv.reader 函数的示例

In

```
import csv

with open(r'data.csv', encoding='utf-8') as f:
    rows = [row for row in csv.reader(f)]

rows
```

Out

```
[['样本数据'],
 ['x', 'y', 'z'],
 ['0.1', '1.0', '-2.0'],
 ['0.2', '1.2', '-1.9'],
 ['0.3', '1.3', '-1.8'],
 ['0.4', '1.4', '-1.7']]
```

　　相反的，如果需要将数据写入到 CSV 文件中时，可以使用 csv. writer 函数。如果在使用 open 函数打开文件时指定 newline=''，就可以避免数据中出现意外的换行。如清单 8.10 所示，将列表传递给 writer 对象的 writerows 方法，就可以将列表的元素写入 CSV 文件中。

清单 8.10　　csv.writer 函数的示例

In

```
with open(r'data2.csv', 'w', encoding='utf-8', newline='') as f:
    writer = csv.writer(f)
    writer.writerows(rows)
```

🌐 8.2.2　使用 NumPy 读写 CSV 文件

　　NumPy 中可以使用 loadtxt 函数或 genfromtxt 函数读取文本文件。当数据中存在缺失值时，可以使用 genfromtxt 函数。CSV 文件的数据也同样可以使用这些函数进行读取。

　　清单 8.11 使用的是 loadtxt 函数从 data.csv 中读取数据。读取 CSV 文件时，需要在 delimiter 参数中指定分隔符。如果不需要开头几行的数据，可以使用skiprows 参数指定需要跳过的行数。此外，读取数据的类型可以使用dtype参数进行指定，默认类型为float64 。

清单 8.11　　loadtxt 函数的示例①

In
```
import numpy as np

arr = np.loadtxt(r'data.csv', encoding='utf-8',
                 delimiter=',', skiprows=2)
arr
```

Out
```
array([[ 0.1,  1. , -2. ],
       [ 0.2,  1.2, -1.9],
       [ 0.3,  1.3, -1.8],
       [ 0.4,  1.4, -1.7]])
```

此外，如清单8.12所示，可以使用usecols参数选择需要读取的列，而读取行数的上限则可以使用max_rows参数进行指定。如果需要将读取的列作为不同的数组对象进行返回时，可以指定unpack=True。

清单 8.12　　loadtxt 函数的示例②

In
```
x, y = np.loadtxt(
    r'data.csv',
    encoding='utf-8',
    delimiter=',',
    skiprows=2,
    usecols=(1, 2),
    max_rows=4,
    unpack=True,
)
x
```

Out

```
array([1. , 1.2, 1.3, 1.4])
```

将数组输出为文本文件时，可以使用 savetxt 函数（见清单 8.13）。作为 CSV 文件保存时，需要在参数中指定 delimiter=','，标题行和注释行则分别使用 header 参数和 comments 参数进行指定。

清单 8.13　savetxt 函数的示例

In

```
np.savetxt(
    r'out_np.csv',
    arr,
    encoding='utf-8',
    delimiter=',',
    header='x,y,z',
    comments='样本数据\n',
)
```

◆ 8.2.3　使用 pandas 读写 CSV 文件

pandas 中提供了对各种格式的文件和数据库中的数据进行存取的支持。从 CSV 等格式的文本文件中读取数据时，使用 read_csv 函数可以接收文件的路径或数据源的 URL 作为参数，并根据读取的数据创建 DataFrame 对象。这个函数中包含大量允许指定的参数，其中常用的部分参数见表 8.2。清单 8.14 指定了作为列标签的行编号。

表 8.2　read_csv 函数的主要关键字参数

参　数	说　明
skiprows	读取数据时需要跳过的行数或行编号
sep 或 delimiter	分隔符
encoding	文件所使用的编码方式的名称
nrows	读取数据的行数
header	包含列标签的标题行编号

清单 8.14 　read_csv 函数的示例

In

```
import pandas as pd

df = pd.read_csv('data.csv', header=1)
df
```

Out

	x	y	z
0	0.1	1.0	-2.0
1	0.2	1.2	-1.9
2	0.3	1.3	-1.8
3	0.4	1.4	-1.7

　　如清单8.15所示，使用DataFrame 对象的to_csv 方法将数据导出到CSV文件中。输出文件的编码方式可以使用encoding 参数设置（默认为UTF-8）。

清单 8.15 　to_csv 方法的示例

In

```
df.to_csv('out_pd.csv')
```

8.3 JSON格式的运用

在本节中，我们将对 JSON 格式的文本文件的存取方法进行讲解。

8.3.1 何谓 JSON 格式

JSON（JavaScript Object Notation）是一种适合对列表和字典对象进行存储的简单文本文件格式。JSON 格式文件在各种编程语言中都可以使用，因此用于数据的传递是非常方便的。JSON 文件的内容也是文本数据，因此可以使用 open 函数对其进行读写操作。

Python 的标准库中提供了专门用于处理 JSON 格式数据的 json 模块。使用 json 模块的 dumps 函数，可以从 Python 的列表等对象中创建 JSON 格式的字符串。不过，如清单 8.16 所示，Python 中的 None 在 JSON 格式中会使用 null 来表示。

清单 8.16　json.dumps 函数的示例①

In
```
import json

json.dumps([1, 0.3, 'JSON', None, True, [2.0]])
```

Out
```
'[1, 0.3, "JSON", null, true, [2.0]]'
```

由列表或字典对象组合而成的结构复杂的数据，也可以使用 JSON 格式进行写入操作。JSON 格式还可以保存清单 8.17 所示元素的数量或大小不一致的字典对象等。JSON 格式对元组和列表是不做区分的，因此元组也会被作为列表进行处理，使用的时候需要注意。

清单 8.17　json.dumps 函数的示例②

In

```
json.dumps({'a': (1, 2, 3), 'b': ['2020', '0102']})
```

Out

```
'{"a": [1, 2, 3], "b": ["2020", "0102"]}'
```

相反的，使用 JSON 格式的字符串创建 Python 对象时，可以使用 json.loads 函数（见清单 8.18）。

清单 8.18　json.loads 函数的示例

In

```
json.loads('[1, 0.3, "JSON", null, true, [2.0]]')
```

Out

```
[1, 0.3, 'JSON', None, True, [2.0]]
```

8.3.2　JSON 文件的读写

将 Python 对象写入 JSON 文件时，可以使用 json.dump 函数。与 json.dumps 函数不同，json.dump 函数的第二个参数是用于接收文件对象的。如清单 8.19 所示，使用只写模式打开文件，并将文件对象传递给 json.dump 函数。

清单 8.19　json.dump 函数的示例

In

```
data = {
    'str': 'JSON',
    'dict': {'read': 'load', 'write': 'dump'},
    'list': [(1,), (2, 3)],
}


with open(r'test.json', 'w') as f:
    json.dump(data, f)
```

相反的，如果需要读取JSON格式的文件并创建Python对象时，可以使用json.load函数。这次我们将在只读模式中打开文件，并将文件对象传递给json.load函数（见清单8.20）。

清单 8.20　json.load 函数的示例

In

```
with open(r'test.json') as f:
    data_loaded = json.load(f)


data_loaded
```

Out

```
{'str': 'JSON',
 'dict': {'read': 'load', 'write': 'dump'},
 'list': [[1], [2, 3]]}
```

数据文件的存取

8.4 Excel文件的运用

Microsoft 的 Office 套件中包含的 Excel 是世界上使用最为广泛的表格计算软件。在本节中，我们将学习 Python 中对 Excel 文件进行存取的方法。

8.4.1 操作 Excel 文件的软件库

Python 的标准功能是无法直接处理 Excel 文件的。Excel 文件中包含的 XLS 格式（.xls 文件）和 OOXML 格式（.xlsx/.xlsm 文件）可以使用下列软件库进行存取。即使用户的系统中没有安装 Excel 软件，也同样可以使用这些软件库进行操作。

- xlrd/xlwt : XLS 格式的读写。
- OpenPyXL : OOXML 格式的读写。
- XlsxWriter : OOXML 格式的写入。

由于 XLS 格式的文件尺寸较大，因此 OOXML 格式的文件更为常用。在本书中，我们将对处理 OOXML 格式的 OpenPyXL 软件库的基本使用方法进行讲解。

此外，pandas 也可以对 Excel 文件进行存取操作。当数据结构较为简单时，使用 pandas 是最为简便的方式，推荐大家使用。

8.4.2 使用 OpenPyXL 读写 Excel 文件

这里将对使用 OpenPyXL 读写 OOXML 格式的文件的方法进行讲解。创建新的文件（工作簿）时，需要调用 OpenPyXL 的 Workbook 类（见清单 8.21）。工作簿是由一个以上的工作表所组成的。新创建的工作簿中会包含一个工作表。使用 wb.active 方法可以选择这个默认的工作表。

| 清单 8.21 | 工作簿的创建 |

In

```
from openpyxl import Workbook

wb = Workbook()
ws = wb.active
```

可以通过 title 属性对工作表的名称进行访问,并为其指定任意的名称(见清单 8.22)。此外,当需要添加工作表时,可以使用工作簿对象的 create_sheet 方法。在这个示例中,工作簿对象中包含两个工作表,这些工作表的名称一览可以通过 sheetnames 属性进行确认。

| 清单 8.22 | 添加工作表 |

In

```
ws.title = '销售额'
wb.create_sheet('分析结果')
wb.sheetnames
```

Out

```
['销售额', '分析结果']
```

清单 8.23 将需要写入到工作表中的数据创建成列表后,使用工作表的 append 方法将数据逐行添加到工作表中,再使用 save 方法对文件进行保存。生成的文件中的内容如图 8.1 所示。

| 清单 8.23 | 文件的保存 |

In

```
rows = [['编号', '单价', '销售数量'],
        [1, 2000, 5],
        [2, 4500, 3],
        [3, 3000, 2],
        [4, 6000, 4]]

for row in rows:
    ws.append(row)
```

```
wb.save(r'openpyxl.xlsx')
```

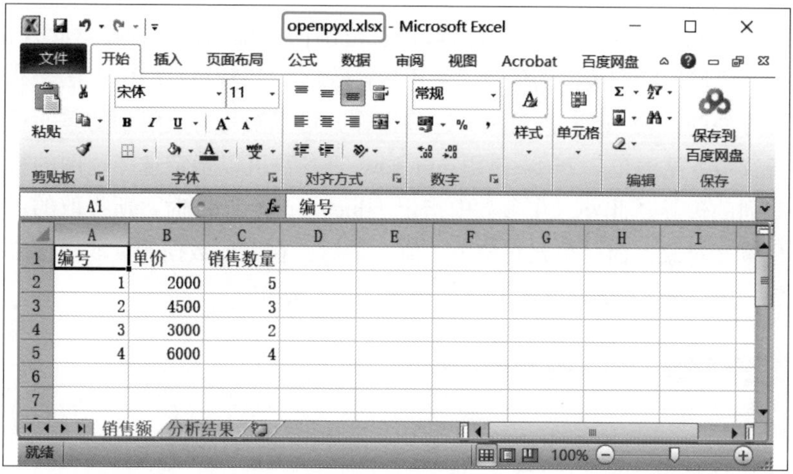

图 8.1　openpyxl.xlsx 的内容

　　接下来，将尝试从创建的 Excel 文件中读取数据。如清单 8.24 所示，读取文件时可以使用 load_workbook 函数。如果只是读取文件，可以在参数中指定 read_only=True，则在只占用少量内存的情况下将文件打开。此外，如果在参数中指定 data_only=True，读取的就不是单元中的公式，而是由该公式计算后所得到的结果。

　　工作表或工作表中的单元可以使用带"[ ]"的下标符号进行选择。清单 8.24 是对'销售额'工作表中的'B4'单元中的内容进行了访问。单元的值可以通过 value 属性进行获取。

清单 8.24　　访问单元的值

In

```
from openpyxl import load_workbook

wb = load_workbook(r'openpyxl.xlsx', read_only=True,
data_only=True)
ws = wb['销售额']
ws['B4'].value
```

3000

单元采用ws['B1:C4']可以对任意范围内的单元进行选择。此外，当需要读取特定范围的值时，使用iter_rows 方法和iter_cols 方法是非常方便的。使用for 语句执行这些操作，可以对每行或每列的单元进行读取（见清单8.25）。使用min_row 等参数可以指定选择范围的行与列的边界。此外，在参数中指定values_only=True 时，所提取的不是单元对象，而是单元对象中的值。最后，在完成数据的读取操作之后，可以使用close 方法关闭工作簿来结束操作。

清单 8.25　　iter_rows 方法的示例

In

```
for value in ws.iter_rows(min_row=1, max_row=4, min_col=1,
                          max_col=3, values_only=True):
    print(value)

wb.close()
```

Out

```
('编号', '单价', '销售数量')
(1, 2000, 5)
(2, 4500, 3)
(3, 3000, 2)
```

8.4.3　使用pandas 读写Excel 文件

在pandas 中，对XLS 格式和OOXML 格式的文件都可以进行读写操作。可以使用pandas 内部所使用的引擎xlrd/xlwt、OpenPyXL、XlsxWriter 进行操作，用户可以选择其中的任意一个引擎。

pandas 中将数据写入Excel 文件时，可以使用to_excel 方法（见清单8.26）。在参数中除了可以指定文件名之外，还可以对需要写入数据的工作表的名称进行指定。

清单 8.26　　to_excel 方法的示例

In

```
import numpy as np
import pandas as pd

data = np.array([[3, 0, 4, 0],
                 [2, 1, 9, 2],
                 [7, 3, 7, 0],
                 [6, 0, 9, 2]])
df_raw = pd.DataFrame(data)

df_raw.to_excel(r'pandas.xlsx', sheet_name='df1')
```

在使用pandas 读取 Excel 文件时，可以使用read_excel 函数（见清单 8.27 ）。创建的 DataFrame 的列标签可以通过header 参数进行指定，默认情况下，工作表中的第一行数据是列标签。默认设置是使用xlrd 进行操作，因此，如果需要使用OpenPyXL 进行操作，则应在参数 engine 中指定 'openpyxl'。

清单 8.27　　read_excel 函数的示例

In

```
df = pd.read_excel(r'pandas.xlsx', index_col=0,
                   sheet_name='df1')
df
```

Out

	0	1	2	3
0	3	0	4	0
1	2	1	9	2
2	7	3	7	0
3	6	0	9	2

当需要对多个工作表进行数据写入时，使用ExcelWriter 类可以一次性打开文件，这样处理的速度会更快。在清单 8.28 中使用了with 语句对 ExcelWriter 类进行调用。使用ExcelWriter 对象代替文件名传递给

to_excel 方法。

清单 8.28　　使用 ExcelWriter 类写入数据

In

```
with pd.ExcelWriter(r'pandas.xlsx') as writer:
    df.to_excel(writer, sheet_name='df1')
    df.T.to_excel(writer, sheet_name='df2')
```

　　相反，如果是从工作表中读取数据，则可以使用ExcelFile类（见清单8.29）。可以使用ExcelFile对象代替文件名传递给read_excel函数。

清单 8.29　　使用 ExcelFile 类读取数据

In

```
with pd.ExcelFile(r'pandas.xlsx', engine='openpyxl') as f:
    df1 = pd.read_excel(f, index_col=0, sheet_name='df1')
    df2 = pd.read_excel(f, index_col=0, sheet_name='df2')
```

数据文件的存取

CHAPTER

9 程序的高速化

本章将对使用 Cython 和 Numba 实现程序高速化处理的相关知识进行讲解。

9.1 程序性能的评估

在本节中，我们将对程序执行时间的测算方法、性能瓶颈的调查方法等内容进行讲解。

9.1.1 执行时间的测算

在编写程序的代码时，最为重要的一点是需要保证程序能够按照预想去正确执行操作，但是编写这些处理代码的方法却不是唯一的。如果程序的执行结果都相同，则执行时间短的程序更符合要求。

通常在大多数的数值计算应用场景中，只需要运用NumPy的数组和SciPy等函数，就可以实现足以满足需求的处理速度。然而，当无论如何都感觉程序的执行时间不太令人满意时，就需要对程序中执行时间较长的部分（瓶颈）进行检查。但是，即使将代码的实现改进为更加高速的实现，也并不意味着其时间成本与所实现的成果是成正比的，此外还可能导致代码变得晦涩难懂、降低代码的可维护性等问题出现。因此，我们应当只在绝对必要的情况下，才需要研究如何实现程序的高速化。

在Jupyter Notebook中，使用"%timeit"命令可以非常简单地对代码的执行时间进行粗略评测。在对多行代码进行评测时，则需要使用单元魔法命令"%%timeit"。

清单9.1中生成了随机数序列，并对计算其合计值所需的时间进行了测算。在这个示例中，我们对指定公式重复执行10 000次所需的时间，进行了7次测量，然后根据这一结果对公式执行一次所需时间的平均值和标准差进行求解。

清单 9.1　"%timeit"命令的示例①

In

```
import numpy as np
```

```
x = np.random.randn(100000)

%timeit np.sum(x)
```

Out

```
42.2 µs ± 281 ns per loop (mean ± std. dev. of 7 runs,
10000 loops each)
```

如清单9.2所示，在"%timeit"命令中添加"-o"选项再执行，就可以对测算的详细信息进行确认。在这里使用的vars函数，是负责将对象所包含的属性和对象值一览表作为字典对象进行返回的函数。

| 清单 9.2 | "%timeit"命令的示例② |

In

```
res = %timeit -o np.sum(x)
vars(res)
```

Out

```
42 µs ± 173 ns per loop (mean ± std. dev. of 7 runs, ➡
10000 loops each)
{'loops': 10000,
 'repeat': 7,
 'best': 4.18355e-05,
 'worst': 4.2360429999999916e-05,
 'all_runs': [0.4201718000000003,
  0.42094529999999963,
  0.4184544999999993,
  0.4187648999999933,
  0.42360429999999916,
  0.42078099999999985,
  0.41835500000000003],
 'compile_time': 4.3499999998530825e-05,
 '_precision': 3,
 'timings': [4.2017180000000034e-05,
  4.209452999999996e-05,
  4.1845449999999926e-05,
  4.1876489999999936e-05,
```

```
4.2360429999999916e-05,
4.2078099999999986e-05,
4.18355e-05]}
```

虽然程序会自动将 loops 和 repeat 设置为最合适的值，但是我们可以，通过"n"选项和"–r"选项进行定制（见清单9.3）。这里将 loops 设置为100，repeat 设置为5。

清单9.3　"%timeit"命令的示例③

In

```
%timeit -n 100 -r 5 np.sum(x)
```

Out

```
45 µs ± 2.9 µs per loop (mean ± std. dev. of 5 runs, ⮕
100 loops each)
```

9.1.2　瓶颈的调查

使用上文中所介绍的"%timeit"命令，是无法对程序中什么位置使用了多少处理时间等信息进行调查的。如果需要分析更为详细的执行时间信息，就需要使用Python 的标准库 cProfile。在 Jupyter Notebook 中，使用"%prun"命令就能启用 cProfile 功能。

在清单9.4中显示的是使用"%prun"命令对自己编写的函数进行执行性能测试的方法。在最后输出的性能报告中，显示了程序中被调用的各个函数的执行次数、执行时间的合计和累计信息。在这个示例中所使用的 time.sleep 函数，可以根据指定的时间暂停程序的处理。从示例中可以看出，time.sleep 函数根据指定的值将程序暂停了 0.1 秒。

清单9.4　%prun 的示例

In

```
import numpy as np
import time

def myfun(n):
```

```
    A = np.random.rand(n, n)
    b = np.random.rand(n, 1)
    time.sleep(.1)
    res = A @ b

%prun myfun(10000)
```

Out

```
        7 function calls in 1.180 seconds

    Ordered by: internal time

    ncalls  tottime  percall  cumtime  percall ➡
filename:lineno(function)
        2    0.955    0.477    0.955    0.477 {method ➡
'rand' of 'mtrand.RandomState' objects}
        1    0.100    0.100    0.100    0.100 {built-in ➡
method time.sleep}
        1    0.075    0.075    1.180    1.180 ➡
<string>:1(<module>)
        1    0.050    0.050    1.105    1.105 <ipython- ➡
input-5-932443a66c79>:4(myfun)
        1    0.000    0.000    1.180    1.180 {built-in ➡
method builtins.exec}
        1    0.000    0.000    0.000    0.000 {method ➡
'disable' of '_lsprof.Profiler' objects}
```

　　如果需要对函数中每一行代码的处理时间进行调查，可以使用 line_profiler 模块。line_profiler 在 Anaconda 的 base（root）环境中默认是没有安装的。要使用 line_profiler 就需要通过 Anaconda Navigator 等工具进行安装才可以。

　　Jupyter Notebook 中是通过"%lprun"命令启动 line_profiler 的。执行清单 9.5 中的代码才能开启"%lprun"命令的使用。

清单 9.5　"%lprun"命令的有效化

In

```
%load_ext line_profiler
```

还可以通过 –f 选项来指定需要"%lprun"命令进行调查的函数。在清单9.6中，通过执行myfun（10000）调用，实现对myfun 函数内每行代码执行时间的统计。统计报告中使用的是以 Timer unit 作为时间单位，而Time 栏统计的数据显示的是，处理过程中需要使用单位时间的多少倍的时间。

清单 9.6　　"%lprun"命令的示例

In

```
%lprun -f myfun myfun(10000)
```

Out

```
Timer unit: 1e-07 s

Total time: 1.11448 s
File: <ipython-input-5-932443a66c79>
Function: myfun at line 4

Line #        Hits         Time     Per Hit    % Time    Line ➡
Contents
========================================================= ➡
======
     4                                                    def ➡
myfun(n):
     5         1    9672890.0   9672890.0      86.8 ➡
A = np.random.rand(n, n)
     6         1       1028.0      1028.0       0.0 ➡
b = np.random.rand(n, 1)
     7         1    1001645.0   1001645.0       9.0 ➡
time.sleep(.1)
     8         1     469265.0    469265.0       4.2 ➡
res = A @ b
```

程序的高速化

9.2 Cython

在本节中，我们将对 Cython 的基本用法进行讲解。

◈ 9.2.1 基本的使用方法

　　作为动态类型语言的 Python，在执行代码时会进行大量的数据类型检查，并根据检查结果做出相应的选择。而在静态类型语言 C/C++ 和 Fortran 中，数据类型的检查是在编译时进行的，并自动转换成相应的机器语言。因此，相对于使用动态类型检查的 Python 而言，使用静态类型语言编写的程序往往具有更高的执行速度。NumPy 数组具有与 C 和 Fortran 数组非常相似的数据结构，而 SciPy 等软件库则是使用静态类型语言编写的，因此，在 Python 中使用这些软件库可以实现高速数据处理。对于大多数情况下的数值计算，只要使用 NumPy 数组和相应的函数就能够达到非常高的处理速度。

　　在 Python 中，如果使用 for 语句对数组中的元素逐个进行访问，那么循环体中的数据类型处理就会极大地降低程序的执行速度。但是，对于 NumPy 和 SciPy 的函数不支持的功能，我们也只能通过使用 for 语句编写自定义函数来实现。清单 9.7 中的代码的自定义函数使用了 for 语句，对两个数组中元素的大小进行比较，并将数值较大的元素取出。由于 NumPy 中也提供了相同功能的 maximum 函数，因此这个示例并没有任何实用价值。通过对这个自定义函数与 maximum 函数的执行时间进行比较，可以看到自定义函数的处理速度要慢得多。

清单 9.7　　自定义函数与 NumPy 函数的处理时间的对比

In

```
import numpy as np

def max_py(x, y):
```

```
    res = np.empty_like(x)

    for i in range(len(x)):
        res[i] = max(x[i], y[i])

    return res

x = np.random.rand(1000000)
y = np.random.rand(1000000)

# 自定义函数与NumPy函数的执行时间
%timeit max_py(x, y)
%timeit np.maximum(x, y)
```

Out

```
406 ms ± 1.07 ms per loop (mean ± std. dev. of 7 runs, ➡
1 loop each)
7.23 ms ± 62 µs per loop (mean ± std. dev. of 7 runs, ➡
100 loops each)
```

　　虽然，我们也可以使用C 语言和Fortran 语言编写外部软件库并在 Python 中调用，但是学习相关的知识也需要花时间。为了解决这一问题而产生的技术就是 Cython。Cython语言可以将编写的代码自动转换成 C 语言代码，并编译成Python 模块。其语法与 Python 非常接近（向上兼容），因此使用非常简单。

　　在 Windows 中使用 Cython 时，需要安装 C/C++ 编译器。首先，我们打开Microsoft 公司的 Vistual Studio 官方站点。

　　用户可根据需要选择下载社区版、专业版或企业版，也可单击"如何脱机安装"超链接（见图9.1），在打开的页面中，选择Visual Studio生成工具并下载（见图9.2），然后再进行本地安装。

图 9.1　Build Tools for Visual Studio 2019 的下载画面

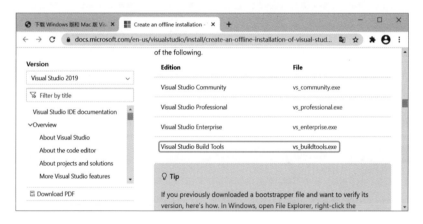

图 9.2　开始安装

　　下载完成后，双击 vs_buildtools.exe 文件，在打开的窗口中单击"继续"按钮。

　　当看到图 9.3 显示的画面后，勾选 C++生成工具复选框①，并单击"安装"按钮②。这样程序就会开始执行安装操作，请等待安装结束。

图 9.3　C++ 生成工具的选择

安装成功后，就可以开始使用 Cyhton。在 Jupyter Notebook 中使用 Cython 功能时，需要执行"%%cython"命令。在执行清单 9.8 中的代码后，就可以使用"%%cython"命令了。

清单 9.8　"%%cython"命令的有效化

In

```
%load_ext cython
```

只需要在定义函数的代码单元格中加入"%%cython"命令，就可以将这个函数转换成 C 语言实现，编译得到的模块可以在 Python 中进行调用。清单 9.9 显示的是将 max_py 函数转换成 Cython 版 max_cy 函数。从清单 9.10 的测试结果中可以看到，仅仅是经过这样简单的处理，函数的执行速度也要比原有的函数快很多。

清单 9.9　"%%cython"命令的示例

In

```
%%cython
import numpy as np

def max_cy(x, y):
```

```
    res = np.empty_like(x)

    for i in range(len(x)):
        res[i] = max(x[i], y[i])

    return res
```

清单 9.10　　测算 max_cy 函数的执行时间

In

```
%timeit max_cy(x, y)
```

Out

```
113 ms ± 1.15 ms per loop (mean ± std. dev. of 7 runs, ➡
10 loops each)
```

9.2.2　基于类型声明的高速化

在"%%cython"命令中，还提供了用于查找性能瓶颈的 -a 选项。虽然在本书中无法显示，但是执行清单 9.11 中的代码后，在程序输出的报告中，与 Python 有较强依赖关系的代码行显示的是黄色，而被转换成纯粹的 C 语言代码的行则显示的是白色。即耗费执行时间较多的部分是用黄色显示的。单击输出结果中行号旁边的"+"，就可以对 Cython 生成的 C 语言代码进行确认。

清单 9.11　　基于 –a 选项输出报告

In

```
%%cython -a
import numpy as np

def max_cy(x, y):
    res = np.empty_like(x)

    for i in range(len(x)):
        res[i] = max(x[i], y[i])

    return res
```

Out

```
Generated by Cython 0.29.15

Yellow lines hint at Python interaction.
Click on a line that starts with a "+" to see the C code ➡
that Cython generated for it.

+1: import numpy as np
 2:
+3: def max_cy(x, y):
+4:     res = np.empty_like(x)
 5:
+6:     for i in range(len(x)):
+7:         res[i] = max(x[i], y[i])
 8:
+9:     return res
```

　　为了提高代码的执行速度，可以在成为瓶颈的函数的参数和变量及返回值中添加数据类型的声明。通过明确的声明类型，Cython可以更为有效地将Python代码转换为 C 语言代码。清单9.12显示的是在 max_cy 函数中添加了类型声明后的 max_typed 函数。其中，设置参数 x 和 y 为元素类型是双倍精度浮点数类型的一维数组，另外还使用 cdef 语句对变量 i 和 res 的类型进行了声明。

　　此外，这里还使用了 @boundscheck（False）和 @wraparound（False）两个装饰器。这两个装饰器的作用是关闭对超过数组长度的索引值的检查和索引值为负数的检查。经过这一设置可以进一步提升代码的执行速度（见清单9.13）。从结果中可以看到，max_typed 函数的执行速度比 NumPy 函数还要快。

　　在 Cython 中，还有其他功能丰富的高速化实现方案，但是需要修改的代码位置也会更多。如果感兴趣可以参考 Cython 的官方文档。

清单 9.12　　添加了类型声明的函数的创建

In

```
%%cython
```

```
from cython import boundscheck, wraparound
import numpy as np

@boundscheck(False)
@wraparound(False)
def max_typed(double[:] x, double[:] y):
    cdef int i
    cdef double[:] res

    res = np.empty_like(x)

    for i in range(len(x)):
        res[i] = max(x[i], y[i])

    return res
```

清单 9.13   测算 max_typed 函数的执行时间

In

```
%timeit max_typed(x, y)
```

Out

```
4.03 ms ± 28.5 µs per loop (mean ± std. dev. of 7 runs, ➡
100 loops each)
```

9.3 Numba

在本节中，我们将对 Numba 基本的使用方法进行讲解。

🔷 9.3.1 @jit 装饰器

Numba 是利用 JIT（JustInTime）编译器技术实现的对程序进行高速化的框架。应用 Numba 功能的函数，在程序执行的过程中会被编译成机器语言执行。 Numba 的一大优点是只需要在原有代码的基础上添加非常少的设置即可实现程序的高速化。

Numba 中提供了各种各样的装饰器，这些装饰器可用在函数和类上。清单 9.14 显示的是使用 @jit 装饰器对函数进行高速化的示例。在函数中添加 @jit 装饰器后，这个函数在执行时就会被 JIT 编译器编译成机器代码。

清单 9.14 还实现了对原有函数、NumPy 函数、使用 Numba 的函数的处理时间进行比较。原有的函数可以从使用 @jit 装饰器的函数的 py_func 属性中进行访问。经过 Numba 处理后，代码的执行速度得到了大幅提升，由此可见，对于包含 for 语句的代码也可以简单实现性能的提升。

使用 @jit（nopython=True），如果 Numba 没能成功实现高速化，程序就会显示错误信息，因此建议编程的时候保持这个选项是打开状态。此外，还有支持 nopython 选项的 @njit 装饰器，也是推荐使用的。

清单 9.14　@jit 效果的确认

In

```
import numpy as np
from numba import jit

@jit(nopython=True)
def max_jit(x, y):
    res = np.empty_like(x)
```

```
    for i in range(len(x)):
        res[i] = max(x[i], y[i])

    return res

x = np.random.rand(1000000)
y = np.random.rand(1000000)

# 原有函数、Numpy函数和使用了Numba的函数进行比较
%timeit max_jit.py_func(x, y)
%timeit np.maximum(x, y)
%timeit max_jit(x, y)
```

Out

```
526 ms ± 4.87 ms per loop (mean ± std. dev. of 7 runs, ➡
1 loop each)
7.13 ms ± 16.3 µs per loop (mean ± std. dev. of 7 runs, ➡
100 loops each)
3.74 ms ± 13.9 µs per loop (mean ± std. dev. of 7 runs, ➡
100 loops each)
```

@jit 命令中还提供了很多其他的选项。例如，如清单9.15所示，指定parallel=True，在多核CPU系统中，程序会开启并行处理模式。在这种情况下，可以将for语句中所使用的range替换成prange。不过，即使使用这样的选项，根据需要处理的内容的不同，有时并不能有效实现程序的高速化执行。因此，我们在使用这些选项的同时，还需要对程序实际的执行速度进行确认。

清单 9.15　使用 @jit 实现多核 CPU 的并行处理

In

```
from numba import prange

@jit(nopython=True, parallel=True)
def max_jit_parallel(x, y):

    res = np.empty_like(x)
```

```
    for i in prange(len(x)):
        res[i] = max(x[i], y[i])

    return res

%timeit max_jit_parallel(x, y)
```

Out

```
2.69 ms ± 191 μs per loop (mean ± std. dev. of 7 runs, ⇒
1 loop each)
```

9.3.2 @vectorize 装饰器

　　假设现在需要定义一个在参数中接收数值，并返回计算结果的函数。如果使用NumPy 的vectorize 函数，就可以创建出使用这个函数对数组中的元素进行for 循环处理的函数对象。清单9.16 显示的是np.vectorize 函数的使用示例，使用创建的myfun_np 函数接收数组作为参数，并以数组的形式返回计算结果。

清单 9.16　　np.vectorize 函数的示例

In

```
import math

def myfun(a, b):
    if a < b:
        return math.sin(b - a)
    elif a > b:
        return math.cos(a - b)
    else:
        return 0

myfun_np = np.vectorize(myfun)

x = 2 * np.pi * np.random.rand(1000000)
y = 2 * np.pi * np.random.rand(1000000)

%timeit myfun_np(x, y)
```

Out

```
351 ms ± 1.26 ms per loop (mean ± std. dev. of 7 runs, ➡
1 loop each)
```

　　使用np.vectorize 函数所创建的函数，因为实现代码中使用了for
循环，所以处理速度比较慢。因此，在创建此类函数时，可以使用
Numba 的 @vectorize 装饰器。使用这个装饰器同样可以生成与 np.
vectorize 函数类似的将数组作为参数的函数，并且这个函数的代码还
将进行 JIT 编译。如清单 9.17 所示，使用 @vectorize 装饰器可以显著
提升代码的执行速度。

清单 9.17　　　确认 @vectorize 装饰器效果

In

```
from numba import vectorize

@vectorize(nopython=True)
def myfun(a, b):
    if a < b:
        return math.sin(b - a)
    elif a > b:
        return math.cos(a - b)
    else:
        return 0

%timeit myfun(x, y)
```

Out

```
17.9 ms ± 116 µs per loop (mean ± std. dev. of 7 runs, ➡
100 loops each)
```

　　如清单 9.18 所示，如果指定使用 target='parallel' 选项，程序就会
自动生成用于在多核 CPU 系统中进行并行处理的代码。在使用这一功
能时，必须明确指定返回值的类型。这里的代码所指定的 f8 和 i8，分
别代表 float64 和 int64 数据类型。从清单 9.18 的结果中可以看到，我们
只需进行非常简单的设置，就可以使程序的执行速度得到显著提升。

In

```
@vectorize(['f8(i8,i8)', 'f8(f8,f8)'], nopython=True,

target='parallel')
def myfunc_parallel(a, b):
    if a < b:
        return math.sin(b - a)
    elif a > b:
        return math.cos(a - b)
    else:
        return 0

%timeit myfunc_parallel(x, y)
```

Out

```
4.3 ms ± 83.8 μs per loop (mean ± std. dev. of 7 runs, ➡
100 loops each)
```

　　在本节中，我们对 Numba 的基本用法进行了简单介绍。Numba 中还提供了很多用于生成 GPU 代码的功能，感兴趣的读者可以继续参考官方文档中的内容。